作 者 简 介

　　阮怀军，男，1964 年出生，现任山东省农业科学院科技信息研究所所长、研究员。主要研究方向为农业信息化、宏观农业及科技管理。主持和承担国家科技支撑计划、山东省自主创新重大专项、山东省科技攻关计划、国家科技合作交流项目10 余项，组织制订农村农业信息资源建设规范等 5 项省级标准，获多项省级科技进步奖和技术发明奖，在国家、省级以上学术期刊发表论文 20 余篇。兼任中国农学会科技情报分会副理事长、中国农业技术推广协会高新技术专业委员会常务理事、全球农业大数据和信息服务联盟副秘书长兼理事、中国农学会计算机分会理事、山东省"互联网+"行动专家咨询委员会副主任、山东省科技情报学会副理事长、山东省电子政务专家咨询委员会成员、山东省农学会理事、山东省农业大数据产业技术创新联盟副秘书长、全国食品质量控制与管理标准化技术委员会食品追溯技术分技术委员会委员。

　　封文杰，男，1979 年出生，副研究员，现于山东省农业科学院科技信息研究所工作，主要研究方向为农村农业信息化。先后主持和参与承担国家科技支撑计划、国家"863"计划、国家星火计划、软科学计划和山东省自主创新重大专项、重点研发计划等各类重点项目 30 余项，作为骨干参与了山东省国家农村农业信息化示范省建设工作，在数据资源整合、信息系统与平台、农业物联网、信息服务模式与机制等方面取得了丰富的研究成果并进行了良好的示范推广与应用。先后获得山东省科技进步一等奖 1 项、二等奖 3 项，其他各类科技成果奖励 10 余项；获得专利、计算机软件著作权等知识产权 30 余项。

　　郑纪业，男，1982 年出生，山东省农业科学院科技信息研究所助理研究员，主要研究方向为农业信息化、精准农业。自参加工作以来，先后参加完成国家"863"计划、国家科技支撑计划、山东省自主创新专项、山东省科技发展计划、山东省重点研发计划、山东省自主创新计划等项目 10 余项，是中国农业技术推广协会高新技术专业委员会会员、中国农业工程学会会员。获得山东省农业科学院科技进步奖、山东省科技情报奖 2 项；获得专利、软件著作权等知识产权 10 余项；参加编写著作 3 部；发表学术论文 6 篇。

"互联网 +"

现代农业应用研究

阮怀军　封文杰　郑纪业　著

中国农业出版社

前 言

党的十八大报告提出"四化同步"发展战略："坚持走中国特色新型工业化、信息化、城镇化、农业现代化道路，推动信息化和工业化深度融合、工业化和城镇化良性互动、城镇化和农业现代化相互协调，促进工业化、信息化、城镇化、农业现代化同步发展。"2015年3月5日，第十二届全国人民代表大会第三次会议上，李克强总理所做的政府工作报告，第一次将"互联网+"行动提升为国家战略，提出"制定'互联网+'行动计划，推动移动互联网、云计算、大数据、物联网等与现代制造业结合，促进电子商务、工业互联网和互联网金融健康发展，引导互联网企业拓展"。并指出"将'互联网+'作为信息化战略的重要组成部分深刻改造传统农业，成为中国农业必须跨越的门槛"。2015年7月国务院颁布了《关于积极推进"互联网+"行动的指导意见》，将"互联网+"现代农业作为11项重点行动之一，明确提出利用互联网提升农业生产、经营、管理和服务水平，促进农业现代化水平明显提升的总体目标，部署了构建新型农业生产经营体系、发展精准化生产方式、提升网络化服务水平、完善农副产品质量安全追溯体系等具体任务。十八届五中全会和"一三五"规划都明确提出，要建设网络强国，实施"互联网+"行动，要推进农业标准化和信息化。推动互联网的创新成果与服务农业生产、经营、管理深度融合，产生化学反应、放大效应，促进农业发展方式转变、提供经济发展新动力。2016年中央1号文件指出："大力推进'互联网+'现代农业，应用物联网、云计算、大数据、移动互联网等现代信息技术，推动农业全产业链改造升级"。农业部等8部委于2016年4月制定下发了《"互联网+"现代农业3年行动实施方案》（以下简称为《方案》）。《方案》按照《国务院关于积极推进"互联网+"行动的指导意见》的部署要求，贯彻落实创新、协调、绿色、开放、共享的发展理念，紧紧围绕推进现代农业建设和农业供给侧结构性改革的目标任务，坚持需求导向、创新驱动、强化应用、引领发展的推进策略，着力推动现代信息技术在农业生产、经营、管理、服务各环节和农村经济社会各领域的深度融合，推进农业在线化和数据化，大力发展智慧农业，强化体制机制创新，全面提高农业信息化水平。《方案》提出：到 2018 年，农业在线化和数据化取得明显进展，管理高效化和服务便捷化基本实现，生产智能化和经营网络化迈上新台阶，城乡"数字鸿沟"进一步缩小，大众创业、万众创新的良好局面基本形成，有力支撑农业现代化水平明显提升。《方案》提出了 11 项主要任务，在生产方面，重点突出了种植业、林业、畜牧业、渔业，强调了农产品质量安全；在经营方面，重点推进农业电子商务；在管理方面，重点推进以大数据为核心的数据资源共享开放、支撑决策，着力点在互联网技术运用，全面提升政务信息能力和水平；在服务方面，重点强调以互联网运用推进涉农信息综合服务，加快推进信息进村入户；在农业农村方面，加强新型职业农民培育、新农村建设，大力推动网络、物流等基础设施建设。

国家层面连续出台相关规划和政策，而各地进行的实践探索，在智能化生产、网络化经营、高效化管理和便捷化服务上取得显著成效，农业信息化爆发出前所未有的活力。

山东是开展"互联网+"现代农业研究应用较早的省份。自 2010 年以来，在科学技术部、中央组织部和工业和信息化部 3 部委的领导下，在国家农村信息化专家组的指导和帮助下，充分依托山东省党员远程教育网络，按照"平台上移，服务下延，资源整合，一网打天下"的建设原则和思路，深入融合产业特色，积极探索公益服务与市场运营相结合的"1+N"服务模式，开展了国家农村农业信息化示范省建设工作，促进了信息化与产业化融合发展，取得了显著成效。

一是建设了省级综合服务平台，实现一站式服务。2013 年 11 月 27 日，习近平总书记到山东视察时，在山东省农业科学院科技信息研究所现场听取了山东省农村农业信息化综合服务平台汇报并给予肯定。平台投入运行被评为"2013 年度山东十项农业科技新闻"。二是发挥热线公益作用，创新服务模式。山东省农业科学院信息研究所联合山东广播电视台乡村频道、齐鲁网创新打造了"12396 科技热线对农直播"服务品牌。把农业专家请进直播间，通过新闻媒体直播，将农业专家解答的问题直接传递到千家万户，实现了传统热线"一对一"到"一对 N"的转变。作为科技推广和服务的一种创新模式，形成了联合推进农村信息服务的工作机制。12396 绿色之声对农直播间开播被评为"2014 年度山东省十大农业科技新闻"。三是以需求为导向，农业产业化与信息化深度融合。充分结合山东省农业产业化优势，创造性提出了"产业化与信息化融合发展"的总体思路，在建设好省级综合服务平台的基础上，选择基础好、带动作用强的蔬菜、果树、畜牧、农产品物流等优势产业，建设了一批优势产业信息服务系统。产业信息服务系统上连优势科研单位作为信息、技术和成果来源，下连农业科技园区、农业龙头企业、农民专业合作组织、种养大户等农业产业实体作为服务对象，有效整合各产业链条上的各类资源，实现覆盖产前、产中、产后的生产、加工、物流、销售等各个环节的专业化信息服务，有力推动了山东省农业信息化与农业产业化的融合发展，促进了产业提质增效和升级。四是基层信息服务体系与党员远程教育等充分结合。创新提出了分别建设综合性和专业性两类基层信息服务站点的工作思路。按照"共建一个庙，各拜各的神"的原则，在全省逐步推进综合信息服务站建设。利用农技推广站、农民协会、合作社、农业龙头企业、农资店等，建设了2 000多个示范性站点，突出专业信息站点与产业的深度融合，推动了山东省现代农业产业体系的建立和发展。五是与重大发展战略协同推进。将"互联网+"现代农业与黄河三角洲现代农业科技示范区、蓝色经济区等山东省重大战略工作紧密结合，重点推进了一批信息化示范工程，应用了一批先进的农业信息化技术成果。探索了"农业科技园区+互联网"现代农业发展模式。六是充分结合"互联网+"发展战略，培育壮大了一批新型农业生产经营主体。创新服务模式，丰富服务内容，以信息化为手段，大力发展现代农村农业信息服务业。

　　我们在承担国家科技支撑计划"农村农业信息技术综合示范""农村农业信息资源整合关键技术集成与应用""国家农村信息综合服务平台开发与应用——基于云服务模式的农村信息服务站数据处理与共享"、山东省自主创新专项"农业信息化综合服务平台应用示范"等科研项目的基础上，通过"互联网+"现代农业的发展现状与趋势的调研，按照转型升级和加大农业供给侧结构性改革的要求，运用实例对"互联网+"现代农业的产业链要素进行分析，用信息化的手段助推实现全产业链的变革、全要素资源的整合。以期使"互联网+"现代农业符合农业"转方式调结构"的要求，成为加速实现农业现代化的助力器和新动能。催生一批新产业、新业态、新模式，更好地服务于农业全产业链，提升农业价值链。运用"互联网+"理念和成熟技术的应用，提出在信息化的助力下较大程度提高农业生产经营管理效率的举措，为实际工作提供参考。

　　本书由阮怀军提出总体框架，阮怀军、封文杰、郑纪业负责撰写和统稿工作。本书的出版是多方支持和帮助的结果，凝聚了众多同志的心血。感谢山东省农业科学院科技信息研究所的唐研、赵佳、崔太昌、王磊等同志给予的支持，感谢山东省发展和改革委员会、农业厅、科学技术厅等部门领导和同志们给予的指导和帮助，感谢中国农业出版社的大力支持。

限于著者的知识水平，加之"互联网+"农业理论创新和实践应用发展快速，书中肯定有不足或不妥之处，诚恳希望同行和专家批评指正，以便今后完善和提高。

著　者

2017 年 8 月

目 录

CONTENTS

第一章
CHAPTER 1

"互联网+"现代农业现状与发展趋势

2015 年 7 月，《国务院关于积极推进"互联网+"行动的指导意见》明确指出，"互联网+"是把互联网的创新成果与经济社会各领域深度融合，推动技术进步、效率提升和组织变革，提升实体经济创新力和生产力，形成更广泛的以互联网为基础设施和创新要素的经济社会发展新形态。在全球新一轮科技革命和产业变革中，互联网与各领域的融合发展具有广阔前景和无限潜力，已成为不可阻挡的时代潮流，正对各国经济社会发展产生着战略性和全局性的影响。积极发挥我国互联网已经形成的比较优势，把握机遇，增强信心，加快挂进"互联网+"发展，有利于重塑创新体系、激发创新活力、培育新兴业态和创新公共服务模式，对打造大众创业、万众创新和增加公共产品、公共服务"双引擎"，主动适应和引领经济发展新常态，形成经济发展新动能，实现中国经济提质增效升级具有重要意义。

《国务院关于积极推进"互联网+"行动的指导意见》中提出了涵盖 11 个重点领域的"互联网+"重点行动，其中"互联网+"现代农业领域的具体内容包括：利用互联网提升农业生产、经营、管理和服务水平，培育一批网络化、智能化、精细化的现代"种养加"生态农业新模式，形成示范带动效应，加快完善新型农业生产经营体系，培育多样化农业互联网管理服务模式，逐步建立农副产品、农资质量安全追溯体系，促进农业现代化水平明显提升。

一是构建新型农业生产经营体系。鼓励互联网企业建立农业服务平台，支持专业大户、家庭农场、农民合作社、农业产业化龙头企业等新型农业生产经营主体，加强产销衔接，实现农业生产由生产导向向消费导向转变。提高农业生产经营的科技化、组织化和精细化水平，推进农业生产流通销售方式变革和农业发展方式转变，提升农业生产效率和增值空间。规范用好农村土地流转公共服务平台，提升土地流转透明度，保障农民权益。

二是发展精准化生产方式。推广成熟可复制的农业物联网应用模式。在基础较好的领域和地区，普及基于环境感知、实时监测、自动控制的网络化农业环境监测系统。在大宗农产品规模生产区域，构建天地一体的农业物联网测控体系，实施智能节水灌溉、测土配方施肥、农机定位耕种等精准化作业。在畜禽标准化规模养殖基地和水产健康养殖示范基地，推动饲料精准投放、疾病自动诊断、废弃物自动回收等智能设备的应用普及和互联互通。

三是提升网络化服务水平。深入推进信息进村入户试点，鼓励通过移动互联网为农民提供政策、市场、科技、保险等生产生活信息服务。支持互联网企业与农业生产经营主体合作，综合利用大数据、云计算等技术，建立农业信息监测体系，为灾害预警、耕地质量监测、重大动植物疫情防控、市场波动预测、经营科学决策等提供服务。

四是完善农副产品质量安全追溯体系。充分利用现有互联网资源，构建农副产品质量安全追溯公共服务平台，推进制度标准建设，建立产地准出与市场准入衔接机制。支持新型农业生产经营主体利用互联网技术，对生产经营过程进行精细化信息化管理，加快推动移动互联网、物联网、二维码、无线射频识别等信息技术在生产加工和流通销售各环节的推广应用，强化上下游追溯体系对接和信息互通共享，不断扩大追溯体系覆盖面，实现农副产品"从农田到餐桌"全过程可追溯，保障"舌尖上的安全"。

在此背景下，2016年6月，山东省人民政府印发《山东省"互联网+"行动计划（2016—2018年）》，提出了"互联网+"农业重点行动的主要目标和任务。

行动目标：到2018年，在粮油、果蔬、畜禽、林产品、水产等优势领域，打造100个规模化农业物联网和精细农业示范基地，扶持10个规模化农资和农产品电商平台，建设10个区域性大宗农产品电子交易平台，形成完善的"互联网+"农业生态圈，带动千万农民利用互联网致富。

行动任务：

——推进农业生产精准化智能化。组织开展国家级和省级农业信息化市县试点，建设一批农业信息化示范服务村。组织产学研单位开展物联网、精准农业、智能决策等关键技术、标准、平台和产品研发，建设一批农业互联网技术研发与应用创新平台。依托农业产业化龙头企业、合作社示范社、家庭农场示范场等农业主体，建设完善一批农业物联网应用示范工程，推动物联网技术在粮食生产、畜牧养殖、渔业、特色林产品和高效经济作物等领域的应用。建设一批农业物联网云服务平台、农业大数据管理平台，提高远程监控、数据分析、测土配方、农产品质量安全溯源保障支撑能力。依托省级农业信息化市（县），组织开展农业大数据采集、智能化农业机械和装备应用示范，建设集农业生产现场感知、传输、控制、作业为一体的精准化、智能化农业生产系统、推动农业高效、精准和标准化生产。

——加快农业经营模式创新。支持一批家庭农（林）场、农业合作组织运用互联网技术进行管理，实现工厂化流程式运营。推进农村电子商务配套设施建设，扶持一批农资和农产品电商平台，推动农资和农产品生产经营主体与电商平台有效对接。打造一批大型农资、农产品集散中心大宗电子交易平台，完善农业大数据基础保障能力。开展生鲜农产品物流保鲜技术、运输过程品质动态监测与跟踪技术、物流装备与标准化技术研究与示范，扶持一批规模化、设施齐备、服务功能健全的配送中心和物流企业。支持地方政府和龙头企业打造农产品质量安全追溯平台，建立农产品质量安全保障体系。建设一批基于互联网的"透明农场"，实现农产品的全程透明、可追溯。支持优势农业企业结合自身特色，积极探索"互联网+"赢利模式。

——提升农业高效管理与服务水平。完善农业农村综合信息云服务平台、大数据公共服务平台，提供完善的农产品追溯、农产品质量监管、农村土地流转、精准扶贫、农情监测预警、农业气象等网络化服务。搭建一批专业化综合性技术服务平台，面向农业产业链全程开展信息技术服务，研发推广农业信息服务关键技术、系统、平台和设备。鼓励各类平台提供农业产前、产中、产后和农村生活综合服务，解决农民基本服务需求。加强对农民的创新创业培训，规划建设一批农业产业园、创业园、孵化器，培育形成一批懂生产、会经营、善网络的农民创客，推动传统农民转化为现代化职业农民。

综上所述，以国家和省出台的系列文件为指导，山东省从政府部门到科研院校、企事业单位、各类社会组织，政产学研全面参与，"互联网+"农业发展呈现爆发态势，发展成效显著，涌现出了一大批具有创新引领作用的发展模式和典型案例，为促进现代农业发展提供了新路径和新方法。但同时，随着"互联网+"农业的快速发展，也出现了一系列问题和制约因素，如何有效地解决这些问题，并准确把握"互联网+"农业的整体发展趋势和方向，进而有效指导和引领"互联网+"农业健康快速发展，具有非常重要的意义。

第一节　发展现状

我国农业基础薄弱，"三农"问题始终是制约我国经济社会转型的软肋所在，必须利用科技革新、政策优化和制度完善的有利时机，拥抱"互联网+"这一新兴潮流，从市场主体培育、粮食价格调控、耕地数量质量监控和农业内分体系和谐完善等角度努力提升。"互联网+"强调的是互联网与传统行业的充分对接和深度融合。我国是农业大国，目前正是工业化、信息化、城镇化、农业现代化同步推进的关键时期，互联网与农业融合发展空间广阔，潜力巨大，实施"互联网+"农业是推动农业现代化、促进农业转型升级的关键之举，是我国在世界范围内实现弯道超车的好机会。

"互联网+"现代农业的本质是实现农业的在线化和数据化，通过将农业生产经营的主体、对象和过程与以互联网为代表的现代信息技术融合，形成"活的"数据资源，指导市场、资本、人才等要素在农业各行业内充分灵活配置，实现农业生产智能化、经营网络化、管理灵活透明和服务便捷高效。

——"互联网+"开创了大众参与的"众筹"模式，对于我国农业现代化影响深远。一方面，"互联网+"通过便利化、实时化、感知化、物联化、智能化等手段，为农地确权、农技推广、农村金融、农村管理等提供精确、动态、科学的全方位信息服务，正成为现代农业跨越式发展的新引擎；另一方面，"互联网+"促进专业化分工、提高组织化程度、降低交易成本、优化资源配置、提高劳动生产率等，正成为打破小农经济制约我国农业农村现代化枷锁的利器。

——"互联网+"助力智能农业和农村信息服务大提升。智能农业实现农业生产全过程的信息感知、智能决策、自动控制和精准管理，农业生产要素的配置更加合理化、农业从业者的服务更有针对性、农业生产经营的管理更加科学化，是今后现代农业发展的重要特征和基本方向。"互联网+"集成智能农业技术体系与农村信息服务体系，助力智能农业和农村信息服务大提升。

——"互联网+"助力国内外两个市场与两种资源大统筹。"互联网+"基于开放数据、开放接口和开放平台，构建了一种"生态协同式"的产业创新，对于消除我国农产品市场流通所面临的国内外双重压力，统筹我国农产品国内外两大市场、两种资源，提高农业竞争力，提供了一整套创造性的解决方案。

——"互联网+"助力农业农村"六次产业"大融合。"互联网+"以农村一、二、三产业之间的融合渗透和交叉重组为路径，加速推动农业产业链延伸、农业多功能开发、农业门类范围拓展、农业发展方式转变，为打造城乡一、二、三产业融合的"六次产业"新业态，提供信息网络支撑环境。

——"互联网+"助力农业科技大众创业、万众创新的新局面。以"互联网+"为代表的新一代信息技术为确保国家粮食安全、确保农民增收、突破资源环境瓶颈的农业科技发展提供新环境，使农业科技日益成为加快农业现代化的决定力量。基于"互联网+"的"生态协同式"农业科技推广服务平台，将农业科研人才、技术推广人员、新型农业经营主体等有机结合起来，助力"大众创业、万众创新"。

——"互联网+"助力城乡统筹和新农村建设大发展。"互联网+"具有打破信息不对称、优化资源配置、降低公共服务成本等优势，"互联网+"农业能够低成本地把城市公共服务辐射到广大农村地区，能够提供跨城乡区域的创新服务，为实现文化、教育、卫生等公共稀缺资源的城乡均等化构筑新平台。

《国务院关于积极推进"互联网+"行动的指导意见》发布以来，各地各部门纷纷发布各类支持"互联网+"农业发展的政策文件。我国"互联网+"农业发展迅速，呈现出方兴未艾的良好发展势头，涌现了一大批具有创新引领意义的发展模式。

一、"互联网+"农业政策密集出台，为"互联网+"农业健康发展保驾护航

2016 年 1 月 27 日，《关于落实发展新理念加快农业现代化实现全面小康目标的若干意见》，中央 1 号文件连续十几年聚焦"三农"，"互联网+"现代农业成为其中的亮点。2016 年相继出台了关于"互联网+"农业的政策。1 月，农业部印发《农业电子商务试点方案》，3 月，商务部等印发《全国电子商务物流发展专项规划》；4 月，国务院印发《关于深入实施"互联网+流通"行动计划的意见》，农业部、国家发展改革委员会、中央网信办等 8 部门联合印发《"互联网+"现代农业三年行动实施方案》；7 月，商务部发布《关于开展 2016 年电子商务进农村综合示范工作的通知》；8 月，农业部与商务部等 19 部门联合印发《关于加快发展农村电子商务的意见》；9 月，农业部正式发布《"十三五"全国农业农村信息化发展规划》。这些政策的出台，都提出要大力推进"互联网+"现代农业发展，加快互联网与"三农"领域的融合发展，推动农业全产业链的改造升级。总体来说，"互联网+"农业发展面临前所未有的大好发展局面，各类具体政策的相继出台为"互联网+"农业的快速健康发展提供了有力的政策保障。

二、电商巨头加大投入力度，深耕和引领农村农业市场变革

1. 正大集团、阿里巴巴网络技术有限公司、蚂蚁金融服务集团强强联手，深度助力农村电商 2016 年 12 月 28 日，正大集团与阿里巴巴网络技术有限公司（以下简称阿里巴巴集团）、蚂蚁金融服务集团（以下简称蚂蚁金服集团）在武汉举行战略合作签约仪式。三方基于良好的信任，着眼各方长远发展战略，强强联合，共同携手，在农牧食品、电子商务、金融服务、农业服务、物流、商业零售及精准扶贫方面达成战略合作关系。在农村电商业务上，农村淘宝将与正大集团开展更多深度合作，通过拓展农资电商及建设相关配

套体系，为广大农村消费者带来优质的产品和服务。农村淘宝正式宣布升级至"3.0 战略"（以下简称 3.0），孙利军将这次战略升级定义为责任和担当的升级，并开创性地提出"农村电商必须以服务村民为核心"这一观点。在"3.0 战略"的思路指导下，农村淘宝继续深耕在农村电商第一线，以此次合作为契机，有效利用农村淘宝平台的优势，为正大集团的优质农牧产品在线上平台的销售提供技术和资源支持。

农村淘宝与正大集团在 2016 年初就启动了农资电商合作项目，目前已成功完成武汉、绵阳等地的试点测试工作，开始进入全面拓展阶段。针对农村养殖户资金需求，双方已在农资电商业务中采用了定向贷等金融产品，同时针对养殖户对农技服务日趋增长的需求，双方也在结合自身线上线下优势资源积极搭建农技服务等增值服务体系，为电商消费者解决后顾之忧。金融方面，正大集团近年来通过引入外部金融机构，为养殖户提供金融信贷服务，在金融风险控制方面积累了丰富的经验。以此为契机，正大集团与蚂蚁金服集团将为养殖户提供包括流动贷款、生物资产和固定资产在内的金融信贷服务，支持农户发展生产。正大集团提供全套养殖技术服务，蚂蚁金服集团提供金融支持，通过双方的合作实现产业和金融的最佳协同。正大集团与阿里巴巴集团共同搭建农村到城市的快速通道，将实现农产品快速助推农业产业链升级；而与蚂蚁金服集团合作构建新型农业产业金融体系，则将助推农业产品金融升级。

通过此次战略意向的达成，三方将深化在饲料、养殖、屠宰、加工等领域的合作，共同探索在畜、禽、蛋、奶等农牧产业链一体化项目合作中的创新模式；共同推广"政府+企业+金融+农户"的"四位一体"农村开发模式，通过在当地投资、提供就业岗位等方式，助力当地贫困人口就业脱贫。同时，三方在零售业务上也会进行项目合作和创新商业模式探讨；物流方面，正大集团将充分发挥自身在农牧板块全产业链的独特优势，同时阿里巴巴集团牵头协调菜鸟物流，充分发挥菜鸟物流的平台优势，共同探讨符合各方业务需要的包括但不限于冷链物流、活畜物流等特色物流合作模式。三方合作将充分发挥从农场到餐桌的全产业链示范带动效应，共同推动中国农牧业互联网化的产业升级和高效发展，顺应国家号召，利国、利民、利企业。

2. 京东"3F 战略"布局农村市场　早在 2013 年，京东就吹响了向农村电商市场进军的号角。经过不断探索和实践，京东农村电商战略逐渐成形并迅速推进。京东的农村电商"3F 战略"，包括工业品进农村战略（Factory to Country）、农村金融战略（Finance to Country）和生鲜电商战略（Farm to Table）。在"互联网+"和城镇化的大潮下，京东将逐步构建从城市到农村的新型销售网络、提供面向农村的普惠金融服务和建立从农村到城市的农业产品直供渠道，通过缩短城市与农村的距离，消除城乡的价格歧视，推进消费的公平透明。未来在惠及城市和农村的生产者和消费者的同时，还能逐步解决农民买好东西难、借款贷款难、农民赚钱难的"农村三难"问题。

基于工业品进农村战略（Factory to Country），京东将通过提升面向农村的物流体系，力争让农民以最快捷、最低价、最无忧的方式购买到化肥、农药等农资商品及手机、家电、日用百货等工业商品；农村金融战略（Finance to Country）则是通过京东白条、小额信贷等创新金融产品，帮助农民解决借钱难、贷款难、成本高等难题；刘强东还提出了前景广阔的生鲜电商战略（Farm to Table），未来，京东将通过大数据等技术，将农民的农产品种植与城市消费者的农产品需求进行高效对接，将农产品从田间地头直接送到城里人的餐桌上，既解决农民卖农产品难、赚钱难的问题，又让城市消费者吃到新鲜的农产品。

同时，京东面向农村消费者等中低收入群体，为他们提供更实惠的价格、更优质的商品和更便捷的服务，不断推进消费公平，让农村消费者也能享受到和城市消费者相同的优质购物体验。在京东的"3F农村电商战略"中，构建一张覆盖农村的网络尤为重要，它既是农资和工业品进村的物流配送网络和营销推广网络，也是农村金融战略中重要的征信数据采集网络和推广网络，又是生鲜电商战略中的生鲜农产品信息采集网络和采购网络。这张网络由京东自营的县级服务中心、合作的乡村合作点和乡村推广员及整合社会资源的京东帮服务店等组成，其中，京东帮服务店专门针对家电等大件商品，提供营销、配送、安装、维修、保养等服务。

3. 阿里巴巴集团农村淘宝宣布升级 3.0 2016 年 7 月 28 日，阿里巴巴集团农村淘宝宣布，启动以"服务"为核心的 3.0 业务模式。升级的新模式，将把阿里巴巴集团整个服务体系下沉到农村，为农民提供覆盖生产生活场景的多项服务产品。农村淘宝合伙人，未来其创业者的角色将演化变为乡村服务者。农村淘宝 3.0 模式将为县域重点打造生态服务中心、创业孵化中心、公益文化中心。从"2.0 战略"（以下简称 2.0）"创业时代"跨入3.0"服务时代"，农村淘宝对合伙人的成长培训体系及产品布局结构，已经完成新一轮升级迭代。

长期以来，中国农村并不缺乏需求，而是没有更好的产品和服务。2014 年 10 月农村淘宝成立之初，第一件事就是让村民"看到外面的世界"，筛选出一批懂网购的农村便利店小店主，兼职为村民提供代购服务。不过，从长远看，兼职小店主难以满足激增的各类村民需求。于是 2.0 模式应运而生，由兼职变全职的农村淘宝合伙人，把发展农村电商视为一项事业。既然视为创业的事业，收益是不得不考虑的问题。什么样的人，能做好连接乡村和外界的服务？农村淘宝 3.0 给出的答案是，除了 2.0 强调的个人能力，对乡村抱有公益和感恩的心态是必不可少的，这将决定农村淘宝合伙人能走多远。

3.0 模式背后是货源品质和服务体系的保障。农村电商市场与城市不同，农村市场对性价比要求更高。相应的，也对农村淘宝平台的产品控制能力提出了更高的要求。农村淘宝平台上的商家已经升级。目前的商家均为各个行业的优质品牌商，并由厂商提供售后服务，品牌商自然明白农村市场口碑传播的威力，一次服务不到位，丢掉的可能是整个村子的信心。在传统服务难以跟上的农村市场，在农村淘宝平台上，甚至出现了售后标准丝毫不逊色于城市的情形。例如，阿里巴巴集团与海尔集团公司合作为农村淘宝订制的一款液晶电视，在农村可以享受 360 天无理由退换货。农村淘宝深知，唯有品质和服务的保障，才能使农村消费者对电商建立信心。

纵观农村淘宝两年内 3 次业务模式升级，农村淘宝业务模式从"1.0 战略"（以下简称 1.0）快速迭代到 3.0，背后是强大的业务创新力在支撑。目前，农村淘宝业务在全国遍地铺开，农村淘宝已经建立起了一支人才队伍，全国农村淘宝合伙人中，75% 是返乡创业者，50% 的人拥有大专以上的学历。随着农村淘宝合伙人的成长，农村淘宝服务站也将在生态服务、创业孵化、公益文化方面延伸出更多触角，当上述 3 个中心形成聚合效应时，农村淘宝将完成在农村整个生态体系的搭建。可以看出，农村淘宝1.0完成对农村电商的启蒙教化，2.0则是解决了货源品质及农村淘宝合伙人收入。经过近两年的狂飙突进之后，农村淘宝开始思考如何在农村真正生根、健康生长。

农村战略作为阿里巴巴的三大战略之一，承载着把农村经济推向市场的任务，现在农村淘宝3.0要做的是打好连接农村与现代文明的基础，缩小城乡差距，最终实现变革乡村，这才是农村淘宝真正的野心所在。农村淘宝3.0升级，是阿里巴巴集团农村征途迈开的坚实的第一步。

4. 苏宁推出农村电商"三化、三云、五当"战略 苏宁推出三大策略：一是通过苏宁易购直营店、中华特色馆等渠道反向推动农业的产业化发展；二是借助苏宁大聚惠、苏宁众筹等营销平台助推农产品的品牌化发展；三是将通过成立苏宁农村电商学院，推动农村电商人才的专业化发展。围绕农村市场的发展，苏宁制订了"三化目标""三云服务""五当模式"为一体的农村电商战略。"三化目标"即"运营产业化、产品品牌化和人才的专业化"；"三云服务"是通过物流云、金融云、数据云向农村市场的广泛渗透；"五当模式"即"造富在当地、销售在当地、服务在当地、就业在当地、纳税在当地"。目标就是希望打造农村经济发展的电商生态圈，助推各地形成农业产业化、农产品品牌化和人才专业化的发展。在全国各地引起热烈响应，在与山东、湖北、福建、河北等地相关部门的战略合作中，均将苏宁特色的农村电商"五当模式"列为合作的重中之重。

2016年，苏宁农村电商的整体战略是，在农村市场投资50亿，在已有1 011家的基础上再开1 500家直营店，发展10 000家代理点及授权服务站，上线200个地方特色馆，带动10万人才返乡创业，打造20个"最美乡村"样本。苏宁物流已经实现对全国2 852个区县城市的覆盖，超过90%的区域已实现次日达；苏宁不仅实现了第三方支付工具易付宝、消费金融产品任性付等产品的"上山下乡"，而且还面向农村市场量身订制了小额贷款产品惠农贷。

第二节 存在的主要问题

一、农村互联网基础设施薄弱

"互联网+"是一次重大的技术革命和创新，但是就现在来说，农村地区的互联网基础建设比较薄弱，由于农村基础设施落后，互联网普及率较低，农村信息"最后一公里"问题成为制约农村电商的巨大障碍。信息不对称、信息的搜集与发布无法及时到位，从而使得计算机通讯、网络技术的应用与普及出现滞后。将信息技术转化为现实生产力的任务依旧艰难。

二、生鲜农产品物流成本高

冷链物流是生鲜农产品应用互联网发展的限制因素。传统销售模式中农产品运输一般采用集中运输的方式，而互联网高速发展的时代生产者直面消费者，流通环节减少，但却增加了物流成本。目前，国内农产品电商存在"千网一面"、成本高、标准不一等问题，盈利的较少，大多处于亏损状态。

三、缺乏互联网专业人才

专业人才的缺乏是制约"互联网+"农业发展的短板。当前我国从事农业信息工作的人员在知识结构方面无法满足农业信息化发展的要求，综合素质相对较低。一是缺少专业的农业信息技术人员，不具备较高的开发能力；二是由于信息分析人员的缺乏，导致大量信息资源无法得到合理的应用开发；三是基层信息服务人员综合素质有待于进一步提高，亟须培养一批具备现代信息技术、现代农业技术、现代信息产业经营技术，掌握农业经济运行规律的农业信息化复合型人才，为农产品经销商提供准确、有效的农产品信息。

四、标准化生产程度低

"互联网+"农业不仅是将农产品利用网络销售，其关键还在于保证农产品质量，标准化生产是不可避免的难题。农业管理部门应加强监管，在确保农产品质量安全的前提下，实现当地优质、特色农产品网上交易。

五、农业与互联网融合困难重重

农业是一个巨大的传统产业，涉及各个方面，这导致农业问题千头万绪，盘根错节。如何将"互联网+"和农业现代化串起来，将新一代信息技术与农产品生产销售、农村综合信息服务等各环节相结合，是急需解决的问题。

第三节　发展趋势

"互联网+"农业是充分利用移动互联网、大数据、云计算、物联网等新一代信息技术与农业的跨界融合，创新基于互联网平台的现代农业新产品、新模式与新业态。以"互联网+"农业驱动，努力打造"信息支撑、管理协同，产出高效、产品安全，资源节约、环境友好"的我国现代农业发展升级版。"互联网+"农业是一种革命性的产业模式创新，必将开启我国小农经济千年未有之大变局。

"三农"问题一直是国家致力解决的重大问题，中央1号文件更是连续十几年聚焦"三农"。在传统模式无法解决农业面临的种种问题时，互联网却凭借其强大的流程再造能力，让农业获得了新的机会。通过互联网技术及想的应用，可以从金融、生产、营销、物流等环节使传统的农业产业链彻底升级，提高效率，改变产业结构，最终发展成为克服传统农业种种弊端的新型"互联网+"农业。

"互联网+"农业的本质是创新，是革命，是运用"互联网+"新思维的产物，是物联网、大数据、移动互联网、云计算、空间技术、智能化技术（机器人及装备等）等现代信息技术发展到一定阶段的产物，是互联网技术与农业生产、经营、管理、服务、农业组织和农民生活方式的生态融合和基因重组，"互联网+"农业的终极目标是提质、增效、增收、便利。实施"互联网+"农业，要充分发挥互联网等信息技术在农业生产要素配置中的优化和集成作用，通过农业的在线化和数据化，实现信息技术与在农业生产、经营、管理、服务各个环节和农村经济社会各领域深度融合，通过技术进步、效率提升和组织变革，提升农业的创新力，进而形成农业生产方式、经营方式、管理方式、组织方式和农民生活方式变革的新形态。

"互联网+"农业发展路径和模式应该根据不同主体采用适合的方案，主要模式包括农场规模化生产经营模式、高效设施农业模式、龙头企业产业化经营模式、农民专业合作社社员服务模式、家庭农场和种养大户个体农业生产经营模式等。

一、农场规模化生产经营模式

农场是指农业生产单位、生产组织或生产企业，以从事农业生产或畜牧养殖为主，经营各种农产品和畜牧产品。

1. 与农场生产结合　在农业机械作业方面，基于 GPS、GIS 的现代信息技术装备到农场大型农业机械，实现农业机械自动驾驶、施肥、喷药和播种等。在农业灌溉方面，采用农田土壤水分数据采集和智能节水灌溉系统，实现了灌溉的智能化、可控化。在田间管理方面，把遥感、视频等先进技术应用于田间作物生长监测和农业管理系统，实现作物生长动态监测和人工远程精准田间管理。在病虫害及自然灾害防治方面，依托地面自动气象观测站、数字化天气雷达、病虫害数据录入系统及病虫害数据管理测报专家系统，实现病虫害及自然灾害监测与预防的智能化。

2. 与农场经营结合　在农场企业化管理方面，通过建立农场总部与下属分场的管理网络和农场的 ERP 系统，通过互联网实现农场总部和下属分场之间的采购、管理、财务和生产计划管理等信息共享和业务协同。在农产品质量管理方面，依托物联网等信息技术，按照产业链建立原料、半成品、成品各生产环节的质量追溯系统，可实现对农产品质量的全程追踪。在农产品流通方面，通过建设农产品宣传与电子交易平台，可实现农产品网上交易。

3. 与农场资源管理的结合　基于地理信息系统的土地资源管理系统，实现对土地管理、经营、使用的可视化管理；以地理信息系统为基础，建立林地管理信息系统、森林防火指挥和水利防洪系统，实现对林地管理、森林防火和水利防洪指挥的信息化。

二、高效设施农业模式

高效设施农业是利用人工的设施，创造一种最适合作物生长需要的条件，或人工模拟作物生长的自然环境以实现人工控制条件下的作物周年生产，满足人们对农产品的需求。高效设施农业是进行集约化种植业生产和养殖业生产的农业生产方式，实现了农业的高产、高效和优质生产。

1. 与设施温室环境控制结合　在作物温室环境控制方面，利用信息技术搭建棚室智能控制系统，能够实现对园区温室内的温、光、水、营养元素等因素进行自动化检测，同时根据作物生长状态，实时、智能调控温室环境。在畜禽养殖场环境控制方面，通过计算机控制畜禽舍内温度、湿度、空气质量、畜禽群密度和均一度及整套设备运行状况，实现了全程标准化、智能化运行。在水产养殖方面，利用最新的农业物联网技术，配置水产养殖实时远程监测系统，对水产养殖环境进行实时在线监测。

2. 与设施农业生产管理结合　作物育苗方面，运用农作物育种的信息化和自动化技术实现工厂化育苗。在作物水分和营养液灌溉控制方面，通过对基质含水量、植物根系分布、生长速度、地上部生长状况等监测，依托农业专家系统进行模糊综合判断，实现肥水灌溉的智能化控制。畜禽养殖方面，利用物联网等现代信息技术，实现畜禽养殖自动送料、饮水、产品分检和运输，畜禽发情、配种、分娩、死亡自动监测与管理。在水产养殖方面，采用物联网、计算机等信息技术搭建的养殖管理平台，实现对鱼、虾、蟹、鳖、参、贝等不同养殖品种的池塘管理、饲料投喂、饵料配方、疾病预防等进行计算机化的日程管理。

3. 与设施农业经营结合　设施农业生产者及组织通过搭建设施农业管理与经营服务平台，实现对设备、物资、生产、技术、质量、销售、财务等的信息化管理，对农产品市场进行科学预测分析。另外，借助服务平台，可以实现供求信息发布、农超对接、农产品在线交易等农产品电子商务活动。

三、龙头企业产业化经营模式

农业产业化龙头企业（以下简称龙头企业）是指以农产品加工或流通为主，通过各种利益联结机制与农户相联系，带动农户进入市场，使农产品生产、加工、销售有机结合、相互促进，在规模和经营指标上达到规定标准并经政府有关部门认定的企业。

1. 与生产环节结合　龙头企业依托互联网，通过便捷的网络通讯渠道将市场供求变化和先进的农业科学技术传输到田间地头，辅助农民进行科学的生产决策，并积极引导小农经营向规模化、集约化方向发展。

2. 与加工环节结合　龙头企业应用信息技术实现对原料采购、订单处理、产品加工、仓储运输、质量管控的一体化管理，实现企业内部生产加工流通各环节上信息的顺畅交流和资源的合理配置，促进企业管理的科学化和高效化。

3. 与销售环节结合　利用射频技术和传感技术，实现农产品流通信息的快速传递，减少物流损耗，提高流通效率；引入商业智能和数据仓库技术，龙头企业可以更加深入地开展数据分析，提供有效的市场决策，积极应对市场风险；通过打造电子商务和网络化营销模式，实现农产品销售不再受限于地域和时间的制约，促进农业生产要素的合理流动，构建高效低耗的流通产业链。

4. 与消费环节结合　利用物联网技术建立农产品安全追溯系统，对消费的农产品的来源、经过的环节、增值的过程都通过产品标志或者信息编码的方式传递给最终消费者，让原本游离于产业运行体系之外的消费者能够了解到农产品的相关质量信息，促进放心消费。

四、农民专业合作社社员服务模式

农民专业合作社以专业大户和技术能手为骨干，由从事某种专业生产经营的农民为主体，对内以提供服务为主，对外则实行商业化经营，讲求经济效益，以减少市场风险和增加农户收益为根本目的。

1. 与合作社管理结合　用现代化网络通讯、计算机及空间信息技术建设合作社办公系统，实现合作社办公、成员及土地位置地理分布等管理的信息化；依托物联网，建立农产品质量追溯系统，实现农产品全程质量追溯。

2. 与合作社对社员生产指导结合　建设农业专家系统，方便、智能、准确地指导生产者进行科学决策、管理，为社员提供产前、产中、产后技术指导。

3. 与合作社对社员市场服务结合　专业合作社通过网络、手机等手段，在产前，为社员提供种植品种、农资服务；在产中，提供种养技术指导、病害诊断与防治等服务；在产后，提供市场价格与行情等服务。

4. 与合作社农产品销售结合　建设合作社网站和电子商务平台，通过网站对外宣传合作社及其农产品，发布农产品价格信息，并提供在线销售，开展电子商务。

五、家庭农场和种养大户个体农业生产经营模式

家庭农场是指以家庭成员为主要劳动力，从事农业规模化、集约化、商品化生产经营，并以农业收入为家庭主要收入来源的新型农业经营主体。种养大户也称为专业大户，它是围绕某一种农产品从事专业化生产，其种养规模明显大于传统农户或一般农户。

1. 与生产结合　在机械作业方面，基于物联网等现代信息技术与农场或种养机械设备相结合，实现生产机械的自动化和智能化。在蔬菜作业管理方面，利用计算机信息化网络系统和农业自动化数据采集和控制设备，建立农业标准化生产管理系统，实现灌溉数据、运行数据、气象数据及土壤生理、生化、农残成分数据的自动采集，系统根据数据，实现自动控制灌溉和施肥。在养殖方面，依托物联网、移动通讯等信息技术，建立养殖场信息管理系统，实现对畜禽喂食、清扫栏舍、调控栏舍内的温湿度的智能化和自动化。

2. 与管理结合　在蔬菜安全质量管理方面，以 HACCP（危害分析和关键控制点）体系为基础，建立绿色蔬菜供应链安全质量监管系统，实现以绿色蔬菜流通供应链安全质量监管为核心，集成家庭农场或养殖场管理、供应链管理、仓储管理、批次管理、决策支持系统、协同办公系统一体化的绿色蔬菜生产、配送、质量监管的综合信息管理平台。在畜产品质量安全管理方面，利用计算机网络信息技术，建立畜产品的可追溯系统，对动物生产过程、屠宰加工阶段、销售与物流环节中涉及与产品安全性相关的因素进行记录，实现对家庭农场和养殖大户提供畜产品全程质量控制。

3. 与种养大户经营结合　家庭农场主或种养大户通过自建网站，或者社会搭建的农产品电子商务平台，发布农产品供求信息，并且实现农产品网上交易。

第四节　对策建议

结合当前"互联网+"发展机遇，如何让传统农业、农村、弱势农民在奔向现代化的征途上，搭上"互联网+"的信息化"高速列车"，实现"三农"发展的后发制胜、弯道超车，是摆在我们面前的重大课题。"互联网+"是催化行业、企业变革升级的加速器，但是，面对庞大而传统的农业体系，推进"互联网+"行动计划是一个复杂的系统工程，大部分"互联网+"农业的新模式都还处于产业融合的初级阶段，还需要政府、企业和公众悉心呵护、认真培育，通过大量的实践创新走出一条真正的互联网农业变革之路。

一、政府要统筹规划、宽容创新

"互联网+"现代农业不仅仅只有技术与农业的融合,还有"互联网+"思维和意识;"互联网+"现代农业不只是信息技术与农业融合,还有生物技术等其他新技术;"互联网+"现代农业会给农业、农村和农民带来深层次的影响。"互联网+"现代农业需要社会各方面参与协作。

一是要顶层设计,突出创新变革。发挥"互联网+"在农业生产要素配置中的优化和集成作用,顶层设计,基层施力,将"互联网+"思维转变为实际行动,突出创新变革,努力走出一条生产技术先进、经营模式适宜、管理方式高效、服务内容实用的新型农业现代化发展道路。政府需要利用政策推动互联网与农业的融合,加快出台"互联网+"农业行动计划,绘制"互联网+"发展路线图,为政府、行业、企业提供具体指导,积极开展"互联网+"宣传。营造全社会共同参与的良好氛围,推动"互联网+"成为中国农业经济转型升级的新引擎。

二是要宽容创新,对于农业电子商务等新业态首先要"积极推动",允许其"野蛮生长",然后再"适度规范",促进农业电子商务等新业态、新模式健康有序发展。

三是设立重大工程专项,作为推动互联网和农业融合发展的引导资金。重点用于示范性项目建设,建设农业互联网应用示范园区,推进产业链整合、重组、细分,要发挥大数据、电子商务的作用,注重市场导向,以点带面,促进"互联网+"农业的迅速发展。针对"互联网+"农业投入高、涉农企业望而却步导致带动力差的情况,设立专项补贴撬动社会投资,推进物联网、云计算、移动互联、3S等现代信息技术和农业智能装备在农业生产经营领域的示范应用。

四是加强关键技术研究,完善标准和规范。信息技术的应用,产品是关键,因此在关键技术上要突破,要攻关,制定完善的标准和规范。

五是完善培训机制。培育"互联网+"现代农业主体。针对性地开展培训,培育"互联网+"现代农业的新型主体、新业态。

二、企业要顺势而为、把握平衡

1. 要准确把握互联网发展趋势 小米之所以能成功,首先是因为移动互联网这个大方向选对了。互联网企业在面向农户市场时,也要把控信息化发展趋势,农村并不意味着需要的信息技术落后。

2. 准确把握技术创新和模式创新的平衡 没有核心技术支撑的商业模式创新终将会昙花一现,而一味追求技术领先,技术过于超前,也会让农户难以"消化",农业信息产品的研发、应用和推广一定要围绕"用得上、用得起、用得好"展开。

三、公众要与时俱进、积极拥抱

1. 提高信息素养 联合国已经把"不能用计算机进行交流的人"确定为文盲,在"互联网+"时代,每个人要有终生学习的态度,加强学习,提高信息素养。

2. 提高参与意识 "互联网+"正在成为"大众创业、万众创新"的工具,不仅企业可以参与到互联网价值创造活动中，农民也可以参与其中，作为互联网时代的"创客"，要少一分"等、靠、要"思想，多一分"闯、冒、试"劲头。目前，山东、河北、浙江、江苏等地出现了各式各样的淘宝村212家，农产品网络零售额突破千亿元，仅浙江省农村青年网上创业群体就达到100多万人。

四、通力联合，提升信息化基础设施水平

基础设施是推进"互联网+"农业的根本点。农村信息基础设施建设比如光纤进村入户工程必须提速，乡村信息服务站更要有屋、有人、有设备。抓紧把农村电子商务的配套设施纳入新农村建设整体规划统筹考虑，对所需的仓储、公共服务设施要有前瞻性的设计，同时利用电商企业等社会资本，完善乡村物流配送体系，催生千万个各具特色的"淘宝村"遍地开花。

五、加大农村信息化人才培训力度，培育"互联网+"农业主体

培育信息化人才是推进"互联网+"农民的着力点。网络通了还要会用，农民共享信息化红利的"最后一公里"问题，最终决定于农民对技术的掌握和运用能力。要鼓励大学生村官、农村青年致富带头人、返乡创业人员和部分个体经营户成为农村电商创业带头人，带动新型职业农民、家庭农场主、合作社社员广泛成为拥有互联网思维、掌握信息化技术的市场主体，品尝到信息化结出的硕果。

第二章
CHAPTER 2

"互联网＋"现代农业要素分析

第一节　"互联网＋"农业生产

在我国耕地资源日益减少、水资源严重短缺、人口不断膨胀、需求快速增加、环境问题日益突出的大背景下，要保证农业可持续发展和粮食安全，使农业产量及品质与农业投入同步匹配增长，实现农业"高产、优质、高效、生态、安全"的协调发展目标，必须依靠科技进步，大力发展现代农业。随着全球卫星导航系统、地理信息系统、遥感技术、传感器技术、无线通信技术的快速发展，农业生产进入信息化时代，不仅能够感知农业生产环境信息，还能进一步监测农业生产对象生理生态信息，在对耕地和作物长势进行定量的实时诊断，充分了解大田生产力的空间变异的基础上，调节对作物的投入，达到平衡地力、提高产量的目标，通过实施定位、定量的精准田间管理，实现高效利用各类农业资源和改善环境这一可持续发展目标。

一、"互联网＋"农业生产环境监测

农业生产环境监控物联网主要指利用传感器技术采集和获取农业生产环境各要素信息，如种植业中的光照、温湿度、二氧化碳浓度、土壤肥力、土壤含水量等参数，水产养殖业中的酸碱度、溶解氧、氨、氮、浊度和电导率等参数，畜禽养殖业中的氨气、二氧化硫、粉尘等有害物质浓度等参数，通过对采集信息的分析决策来指导农业生产环境的调控，实现种养殖业的高产高效。

（一）土壤养分检测

随着粮食产量的不断提升，农用化肥的研发、销售、施用也在不断加强，但与此同时问题也越来越多，化肥的过量施用便是最突出的问题之一。过量施肥不仅造成肥料资源的浪费，更是对农业生态造成了大量的面源污染，降低了农业的经济效益，甚至降低农作物的生产品质。因此，科学合理有效地提高肥料利用率，对农业生态、农业经济的发展都具有重大而现实的意义。

科学合理施用化学肥料的前提是了解地块的土壤养分信息，测土配方施肥是我国近年来大力推广的农业技术之一，施肥要求以实际测试结果为基础，根据作物生长需要，制订合理施肥策略，施加有机肥的同时，提出其他微量元素如钙、镁、硫、铁、硼、锰、铜、锌和氯等肥料的施肥时期、施用数量和施用方法。测土配方项目能够保证作物养分均衡供应，满足作物的生长需要，提高肥料利用效率和减少施肥量，保护环境，提高产量，节省人力物力。

尽管测土配方施肥项目存在减少环境破坏、增加产量、降低成本等许多优点，但目前也存在一些难以克服的缺点：其一，测土配方所用的样本数量少，由于成本原因，不能大规模采样，导致土壤样品没有代表性；其二，传统化学检测方法存在检测样本少、成本高、耗时费力和速度慢，一次只能检测一个项目，测土配方失去了它本应有的增产增效的意义，从这个方面来说，提高测土配方项目的社会经济效益，首先要求解决实时、快速检测、可以大规模采集和不污染环境等问题，只有这样，测土配方才有实际意义，才能用于指导生产。

除了使用化学方法检测土壤养分含量外，原子吸收光谱仪、色谱仪等光谱分析仪器，也被用来检测土壤养分含量，但这些仪器仍需要对土样进行精心的准备和细致的处理，处理后的试样采用原子吸收光谱仪、色谱仪等光谱分析仪器进行测量。土壤样品制备流程如图 2-1 所示，现有的土壤养分测定方法由于使用风干土样、土样浸提与测量方法烦琐等原因造成其时效性较差，很难直接服务于农业生产现场。

可见近红外光谱（300～2 500 纳米）分析技术是集计算机科学、光谱学和化学计量学等多学科知识的一种先进分析技术，具有检测速度快、多指标同时测定、无污染、成本低和操作简单等优点。其原理为各种结构的物质都具有自己的特征光谱，光谱分析法就是利用特征光谱研究物质结构或测定化学成分的方法。由于土壤有机物中含有大量的烷烃类物质、芳香族、含氧化合物、含氮化合物和氨基化合物等，在 300～2 500 纳米范围，近红外光谱吸收主要是 C—C、O—H、C—H、N—H、S—H、P—H 等基团的倍频和合频吸收。因此几乎所有的有机物的一些主要结构和组成都可以在它们的近红外光谱中找到信号，而且谱图稳定，光谱容易获取。

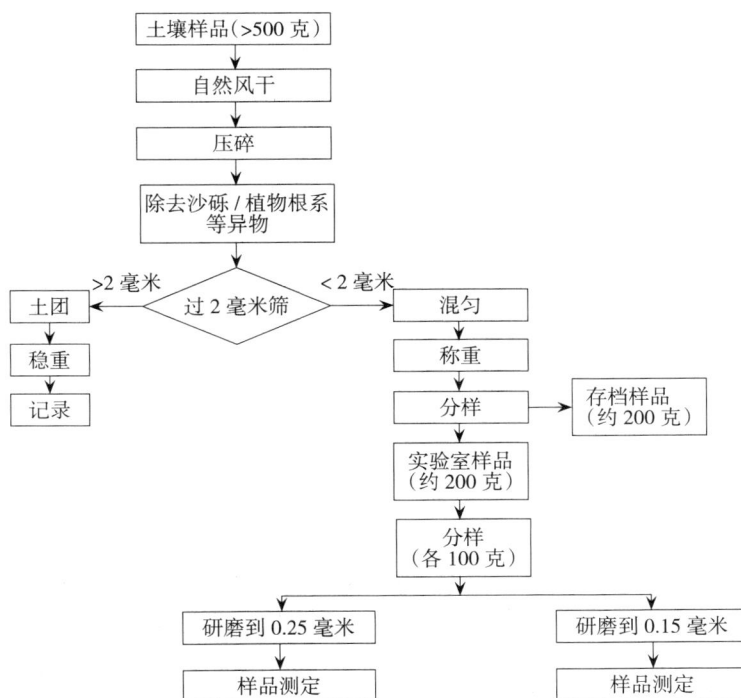

图 2-1 土壤样品制备流程

刘雪梅研究开发了一款应用近红外光谱分析技术、基于 USB4000 的便携式土壤养分（有机质）含量测定仪。便携式测定仪器由软件和硬件两部分组成。软件部分包括基于 Java 语言开发的土壤有机质含量检测软件及 USB4000 底层驱动程序；硬件部分包括光源驱动电路、光纤、win CE 开发板、便携式电源、触摸液晶显示电路和仪器机箱等。光源信号通过入射光纤传输到被测土壤表面，经过土壤发生漫反射，通过反射光纤传输到 USB4000 光谱仪得到土壤反射率值，软件系统获取这些反射率数据进行处理、显示、存储等处理，并将土壤有机质含量结果显示在液晶显示屏上。

有了检测土壤养分的手段，如何呈现并指导农民或农机减少化肥的施用量是变量施肥的最终目的。当前，越来越多的信息技术应用在农田监测信息的综合分析上，地理信息系统的引入，不仅可满足农田环境信息管理的迫切需求，而且可作为支持该系统的有力工具。为了解我国耕地土壤各种元素的丰缺状况，为开展科学施肥提供依据。陈光设计实现了耕地地力监测数据管理系统，系统由用户管理、空间数据展示、属性数据管理、属性数据分析、属性数据汇总等 5 个模块组成。用户管理模块实现对用户的添加和删除及用户的权限配制；空间数据展示模块实现对全国耕地地力监测点的展示，可通过点选或框选空间上监测点来查看监测点的属性信息；属性数据管理模块能够对数据进行统一的管理，包括录入、导入、导出、修改、查询等，在数据的输入过程中对输入的数据进行校验来保证数据的准确性和完整性，为数据的分析提供了保证；属性数据分析模块包括土壤养分亏缺分析、养分允许平衡盈亏率计算；属性数据汇总模块能够对数据进行多样的统计，生成自定义模式的统计图，直观地反映不同地区不同养分信息的变化情况。系统功能模块如图 2-2 所示。

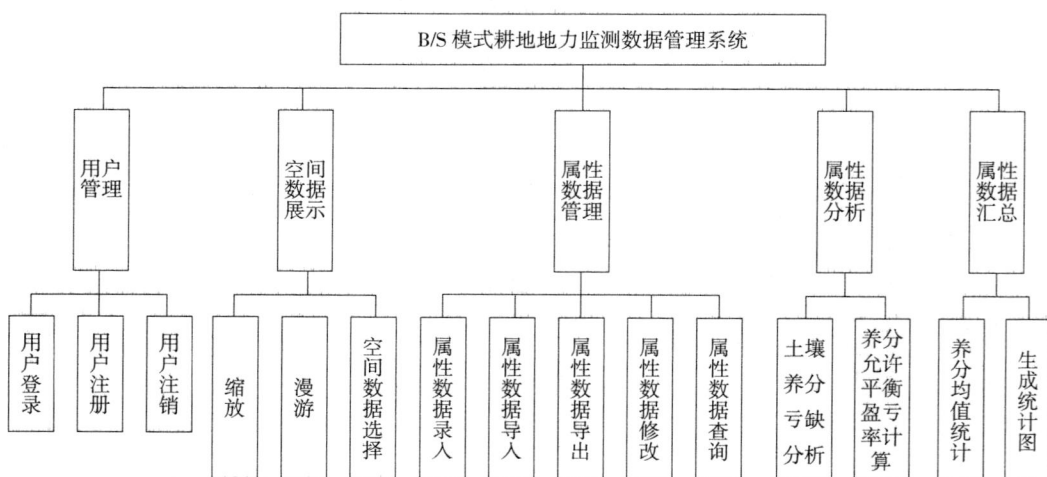

图 2-2　耕地地力监测数据管理系统

系统以全国耕地地力监测点属性信息与多年农业生产调查数据为数据源，系统的主要功能是空间数据展示、属性数据管理、属性数据分析、属性数据汇总。该系统采用 B/S 网络结构，在 ASP. NET 开发平台上设计人机交互界面，用 VB. NET 语言编写系统功能模块，以 IIS 为网络服务器，利用 AutoDesk MapGuide 作为 Web GIS 软件平台进行系统开发。

Web GIS 系统以 MapGuide Database Server 作为 GIS 数据库服务器来组织地图的矢量数据和属性数据，通过 MapGuide 网络扩展（Web Extension）来负责客户端和 MapGuide Server 之间的通信和数据传递。客户端采用 HTML 语言、JavaScript 脚本语言和 ASP. NET 编写用户界面，通过 MapGuide Viewer 展示 MapGuide 站点所提供的地图服务，是用户对地图进行交互操作的接口，用以完成对地图的显示、缩放、漫游、选择等功能。系统结构如图 2-3 所示。

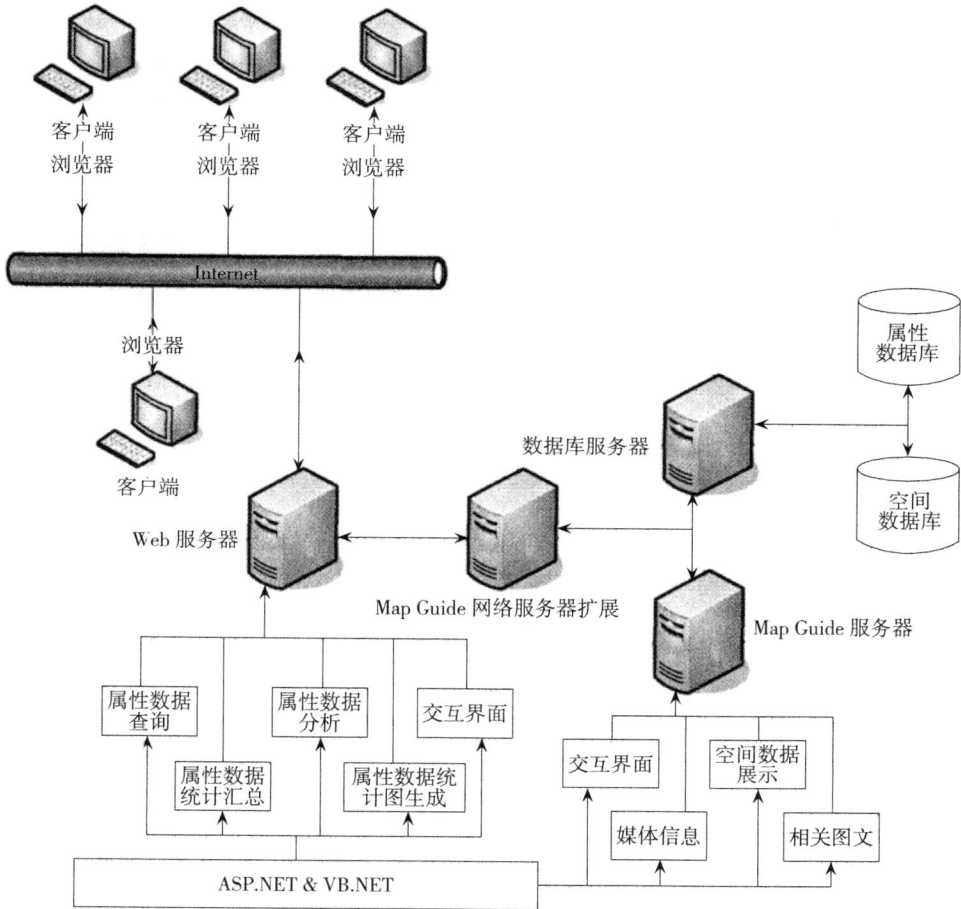

图 2-3 耕地地力监测系统结构

由北京市土肥工作站和中国农业大学共同组成专门的建设开发团队，历时近 7 年建设完成北京市统一的数字土壤平台，总体结构如图 2-4 所示。在统一标准的基础地理数据库、土地利用数据库、土壤资源数据库、作物数据库及其他相关数据库基础上，开发建设土壤资源管理、土壤配肥分区管理、土壤质量评价等系列专业应用系统。同时根据需要，选择对大众或农业生产者有重要意义的模块，通过互联网发布。

其中，土壤配肥分区管理中肥力评价模块分成两个窗体：评价规则和地力分等定级。依据土壤的养分状况，采用加法模型（系统自动完成）对区域或单地块土壤肥力质量进行

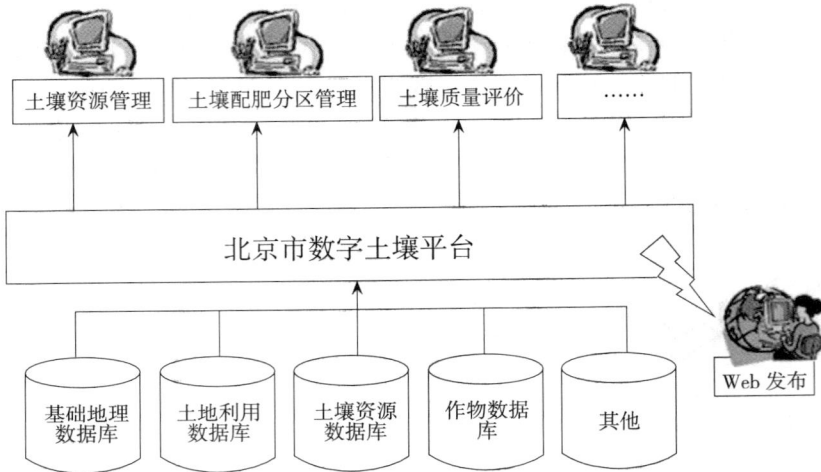

图 2-4　北京数字土壤平台总体结构

综合评价，实现土壤养分等级图的动态更新和养分等级的动态统计，同时还可以修改和添加评价规则。

适宜性评价完成后，弹出等级-面积饼状统计图，并配置了适宜性等级专题都是局部区域的适宜性情况。

1. 肥力监测　单击区县专业版导航模块"肥力监测"按钮，进入土壤肥力动态监测功能模块。该模块主要是让用户了解该区县土壤肥力（有机质、全氮、碱解氮、有效磷、速效钾）在不同层次的多年变化情况。单击该按钮，弹出"地图监视"与"监测点动态"两窗体，窗体左面是土壤肥力监测点的编号。

首先选择监测点，再选择相应的土壤肥力指标与土壤取样层次，则窗体右面立即显示该监测点某肥力指标逐年的变化连线统计图。此时点击鼠标右键可以拷贝统计图，实现输出保存。

点击监测点动态窗体右侧边上的"表格"选项按钮时，可以切换为监测点统计图对应统计表，如图 2-5 所示。

图 2-5　监测点统计图对应统计表

2. 施肥决策　在地图检视界面点击右键，出现右键菜单，首先选择施肥地点，然后确定作物信息，单击图中的"推荐施肥卡"按钮，则输出施肥推荐结果，如图 2-6、图2-7所示。

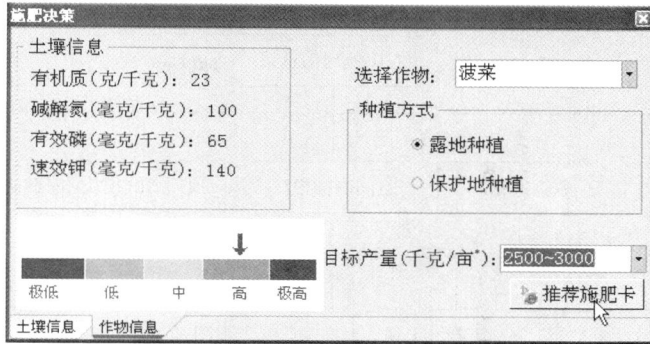

图 2-6　作物信息确定

图 2-7　测土施肥推荐卡

中国科学院开发了精准农业农田地理信息系统由数据采集模块、空间内插模块、通用GIS 功能模块、决策支持模块和数据库系统共同构成，其总体结构如图 2-8 所示。农田地理信息系统为施肥决策的制订提供必需的数据支持，包括实测的原始数据和通过空间内插生成的产量图、营养元素分布图等，帮助决策者制订施肥方案，并将该方案以施肥作业图的形式加以表达。

＊　亩为非法定计量单位，1 亩＝1/15 公顷。——编者注

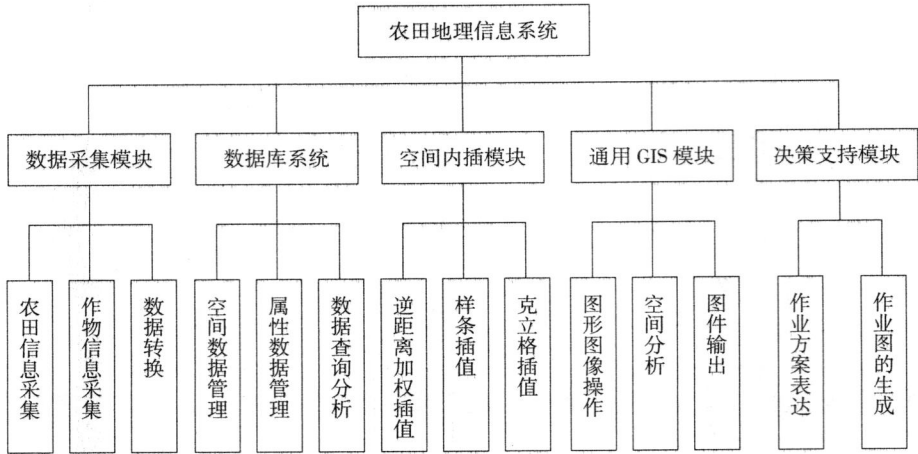

图 2-8　农田地理信息系统结构

　　精准管理分区便是提高肥料利用率最有效的方法之一。精准管理分区就是把特定的区域分成独立的小单元，每个单元内具有相同的特性，然后对不同属性的单元进行变量施肥。传统的精准管理分区大多以田间土壤网格采样为主，通过分析影响作物生产的土壤理化性质或产量数据来划分精准管理分区。田间土壤网格采样，需要消耗大量的人力、物力、财力，并且时效性差，难以大规模推广，实用性较差。而采用遥感技术进行精准管理分区比田间网格采样具有更大的优势，不需要在田间消耗大量的时间、降低变量施肥成本，并且具有更高的时效性，适合大规模推广试验。

　　（二）土壤墒情检测

　　土壤墒情是指土壤的含水状况，是最重要和最常用的土壤信息。它是科学控制调节土壤水分状况，进行节水灌溉，实现科学用水和灌溉自动化的基础，也是抗旱减灾工作中最重要的信息之一。由于土壤结构及土壤水分的空间变异性，造成了在同一地块中土壤含水量的不同，这就需要对土壤含水量进行测定。因此，为了及时、准确地了解土壤水分动态变化规律和空间立体分布，选定适合的土壤含水量测定方法就显得尤为重要。

　　土壤水分测量方法种类较多，在生产和科研中应用较多的主要有烘干法、中子仪法、张力计法、介电法等。其中，烘干法被认为是国际标准方法；中子仪法是仅次于烘干法的另一标准方法；介电法是应用最为普遍的一种，它对水分敏感性强且受土壤的容重、质地影响小，操作便利，测量效率高，被认为是最理想的测量方法。介电法运用被测介质中介电常数随含水量变化而变化这一原理来测定土壤含水量，主要包括频域反射法（FDR）、时域法（TDR）、驻波比法（SWR）等。根据传感器发出的电磁波在介电常数不同的物质中反馈的电磁波不同，计算出被测物的含水量。

　　相对而言，发达国家的土壤墒情监测技术较为成熟，且比较重视对墒情监测仪器的研发，墒情监测自动化程度也较高。我国的土壤墒情监测工作相对薄弱，以前主要靠人工取土，采用烘干法进行监测，工作强度大、监测频次低。苏志诚等选择4种不同工作原理和型号的土壤墒情传感器，包括2种FDR传感器，分别为奥地利Caipos公司生产的Z100

单片式传感器和澳大利亚 Sentek 公司的 Enviro SCAN 套管式传感器；1 种 SWR 传感器，为奥地利 Caipos 公司的 C-Kit；1 种 TDR 法传感器，为美国 Spectrum 公司的 TDR300，进行了为期半年的对比分析测试，利用监测数据对土壤墒情传感器的稳定性、灵敏性、准确率 3 个指标进行了分析，结果表明各类传感器在监测效果方面表现各有特点，均表现出了较好的稳定性，对降水反应也良好，准确率略有差别，监测数据基本在烘干法值附近上下波动。通过对比分析研究，对了解土壤墒情传感器性能和大范围推广应用具有一定的参考意义。

现有的插针式水分仪优点是成本低，但是缺点也十分明显，首先安装过程需要将测得的土壤剖面整个挖开，不仅人工成本高，而且破坏原来的土壤结构，针式只能测量插入点的土壤含水量，钢针跟土壤直接接触，容易被腐蚀造成数据不准确。预埋管式水分仪是利用预埋在土壤里的管子，需要测量时将传感器深入到管内对应深度测量数据，优点是可以大量布置预埋管，监测点多，缺点是每次需要人工去现场操作，只能得到测量那一刻的数据，同时预埋管的防水要求很高，实际情况很难保证密封。针对以上问题，北京东方润泽生态科技股份有限公司经过多年探索研发了一体化集成多深度水分仪——智墒，如图 2-9 所示，该水分仪安装简便快捷，无线传输数据，无需人工操作，固定深度，水分曲线连续不间断测量，微信扫码即可查看数据，整支全密封，一年产生将近 9 万个数据等。

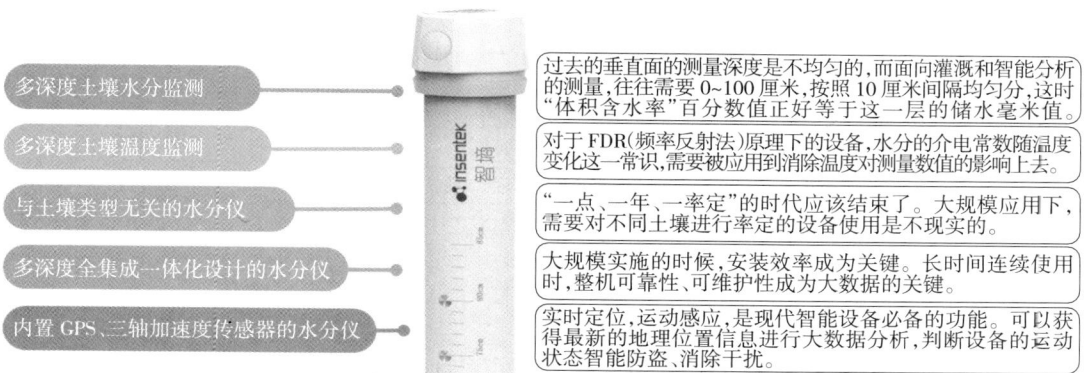

左侧标签：
- 多深度土壤水分监测
- 多深度土壤温度监测
- 与土壤类型无关的水分仪
- 多深度全集成一体化设计的水分仪
- 内置 GPS，三轴加速度传感器的水分仪

右侧说明：
- 过去的垂直面的测量深度是不均匀的，而面向灌溉和智能分析的测量，往往需要 0~100 厘米，按照 10 厘米间隔均匀分，这时"体积含水率"百分数值正好等于这一层的储水毫米值。
- 对于 FDR(频率反射法)原理下的设备，水分的介电常数随温度变化这一常识，需要被应用到消除温度对测量数值的影响上去。
- "一点、一年、一率定"的时代应该结束了。大规模应用下，需要对不同土壤进行率定的设备使用是不现实的。
- 大规模实施的时候，安装效率成为关键。长时间连续使用时，整机可靠性、可维护性成为大数据的关键。
- 实时定位，运动感应，是现代智能设备必备的功能。可以获得最新的地理位置信息进行大数据分析，判断设备的运动状态智能防盗、消除干扰。

图 2-9 一体化集成多深度水分仪——智墒

传统的土壤墒情监测方法是基于站点监测方式，只能获得少量的点数据，再加上人力、物力、财力等因素的制约，难以迅速及时地获得大面积的土壤水分和作物信息，使得大范围的旱情监测和评估缺乏时效性和代表性。而遥感监测方法则是面上的监测，具有监测范围广、空间分辨率高、信息采集实时性强和业务应用性好等特性，可有效弥补地面观测系统成本高、空间覆盖率低和观测滞后的缺点，能够为各级减灾部门提供及时高效的决策支持服务。随着卫星遥感技术的迅速发展，干旱遥感监测模型实用化程度越来越高，遥感技术已成为旱情监测的重要支撑手段。马建威等基于 MODIS 数据，计算 NDVI 和地表温度，结合地表实测数据、土壤类型数据，构建土壤墒情反演模型，并应用该模型对 2010 年 10 月至 2011 年 5 月发生在山东的旱情进行动态监测，监测结果与实际情况较为符合，可有效地用于区域旱情动态监测。

(三) 农业气象信息监测

1. 大田气象监测 在农业科研工作中，人们除关心本地区的天气变化情况外，对某一特定试验场地（如大棚、温室等），需进行多种气象数据的测量和记录。由人工测量、记录田间温度、湿度、光照度等气象因子，不仅难以保证时间间隔的一致性，而且对数据的记录有时也会产生读数和书写的误差，致使科研工作受到一定的影响。针对传统农业气象观测和当前传感器技术系统、方法存在的不足，武永峰等设计了一套基于远程监控的农业气象自动采集系统，其硬件设备由农田小气候信息采集前端、视频图像信息采集前端、数据采集装置、数据传输装置和供电设备组成，如图 2-10 所示。该系统实现了农田小气候和视频图像信息参数采集与传输的高度集成，自动采集降水量、气温、空气湿度、风速、风向、光合有效辐射、土壤温度、土壤湿度和农作物视频图像信息，并通过远程客户端软件实现各要素信息的实时动态显示和远程监控。

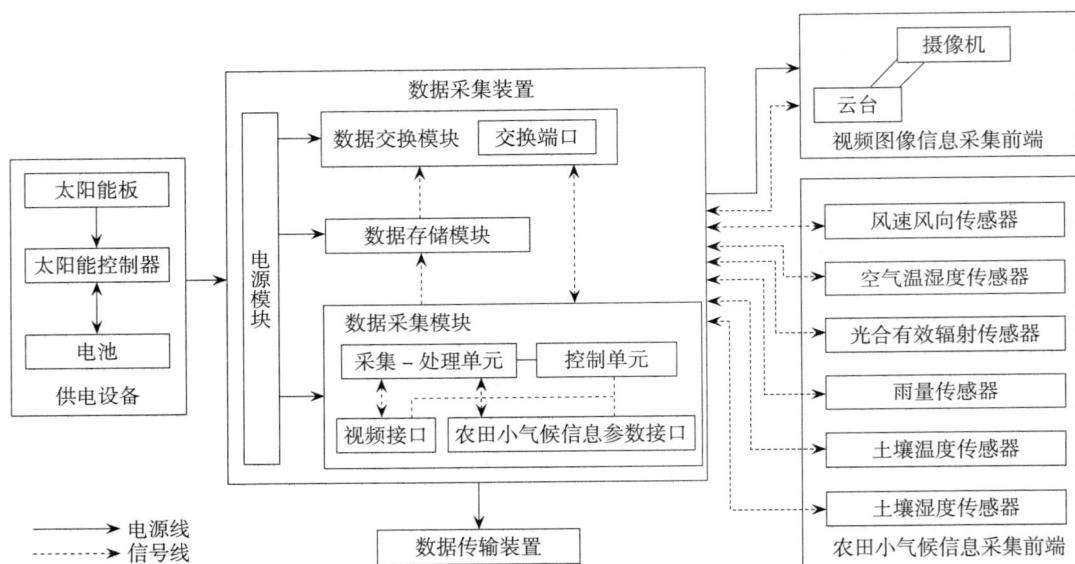

图 2-10 基于远程监控的农业气象自动采集设备组成

为了使农业气象数据更加规范化、标准化，同时为省级农业气象业务服务系统提供基础数据支持，何彬方等针对省级农业气象数据的组成特征，分类设计农业气象数据库，建立农业气象数据标准化存储格式、数据录入和转换方式。同时，基于 C/S（Client/Server）模式，开发设计了具有数据采集、数据质量控制、加工处理、数据库维护等功能的省级农业气象数据库管理系统。

2. 设施气象监测 近年来，我国日光温室面积呈现快速增长的态势，已成为三北地区尤其是华北地区越冬蔬菜种植的主要设施类型。但温室内部环境的变化主要受到外界天气变化的影响，尤其是低温寡照、强降温、大风、暴雪等灾害性天气，所以对设施农业进行气象条件监测和灾害性天气预报预警，对温室的安全高效生产十分重要。针对设施农业的专业化气象服务目前还在摸索当中，真正进入业务化的还很少。进行预报预警服务的前提是对日光温室内的小气候进行长时间稳定的观测。目前，全国各地气象系统均在野外布置了若干自动气象站,而适用于野外的自动气象站在温室内部这种高温高湿的环境中,工作的稳定性与可靠性很难得到保证。因此,需要开发服务于设施农业小气候观测的气象观测设备。王铁等研发了 DZN1 型农田小气候观测仪,能够对农业大棚内的温度、湿度、二氧化碳浓度、总辐射、光合有效辐射等要素进行观测,观测结果可以以无线方式传输,也可以存储在 SD 卡中,通过读卡器调出数据。随机配备的供电系统能够在无市电的地点提供 7 天以上的工作电能,并配备太阳能电池板,保证数据的可靠性。整个系统还可选配 LED 大屏幕显示系统,能够实时显示测量结果。

徐高威等针对设施农业气象信息发布及时性差、覆盖面小等问题,提出了一种设施农业气象信息采集与发布系统,该系统主要由 ZigBee 无线传感器网络、气象信息发布中心、农业现场发布终端三大部分组成、系统工作原理如图 2-11 所示。无线传感器网络将采集到的温室内部实时气象数据通过 GPRS 网络发送至信息发布中心,信息发布中心结合各类气象服务信息与气象灾害预警信息集中处理后有序对外发布。实践证明,该系统功耗低、时延短、性能稳定,在设施农业气象信息发布与气象灾害预警方面有显著优势。

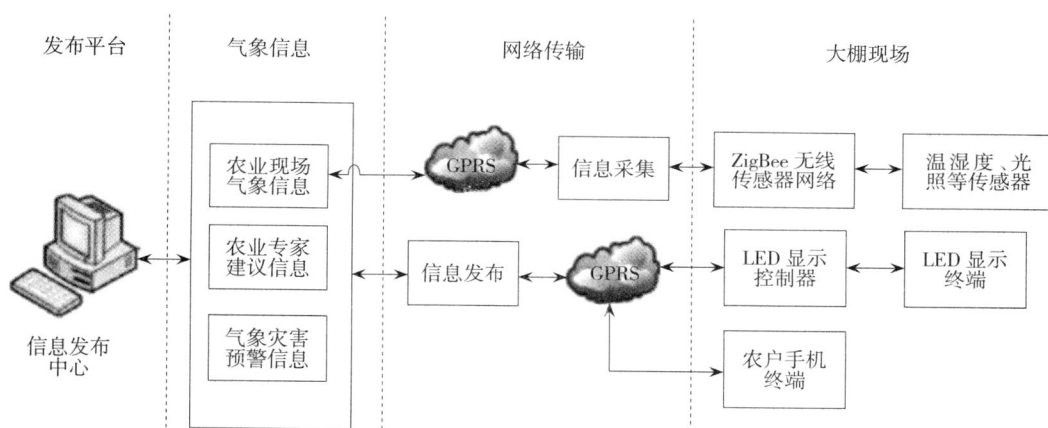

图 2-11 设施农业气象信息采集与发布系统工作原理

(四)畜禽养殖环境监测

农业生产中排放的有害气体所造成的空气污染已成为广泛关注的环境问题。作为农业有害气体排放的主要来源——畜禽业生产中所产生的气体污染不但对畜禽业从业者、畜禽和周围居民的身体健康造成伤害,还对全球空气质量造成影响。2009 年 12 月,在丹麦首都哥本哈根召开的世界气候大会(UN Climate Change Conference)使空气污染引起的全球气候变化问题成为世界关注的焦点。畜禽生产过程排放的有害气体中含有多种温室气体,在全球气候变化中起到重要作用,已成为全球变暖的主要因素之一。联合国粮食及农业组织(FAO)在 2006 年发表报告《牲畜的巨大阴影》中指出,畜禽业排放的主要有害气体氨气占全球氨气排放总量的 64%,排放的温室气体占全球总排放量的 18%;温室气体中二氧化碳占全球排放总量的 9%,甲烷占 35%~40%,氧化亚氮占 65%;一头猪产生的温室气体相当于 10 个人,10 只鸡相当于 7 个人,全球现有的 10.5 亿头牛对温室效应的贡献超过汽车尾气的排放。

目前，嗅觉法、气体探测管法等传统气体检测方法被广泛应用在畜禽生产环境有害气体的测量中。传统监测方法存在实时性和易操作性差的缺点，检测对象具有较大局限性，无法对不同种类和分布的有害气体进行综合监测。随着接触式气体传感器和光学检测技术的发展，接触式传感器和光学方法已被广泛地应用在气体的实时监测中。张石锐通过分析总结已有的畜禽生产有害气体监测方法和畜禽生产环境中主要有害气体的种类和来源，确定畜禽舍内的恶臭气体和开放区域的甲烷作为研究对象。分别采用基于电子鼻的畜禽舍恶臭等级监测方法、基于 OP/TDLAS 的甲烷监测方法和基于计算机层析技术的有害气体浓度分布重构方法，在多尺度上实现了对畜禽生产中有害气体的监测。

王雷雨等针对我国畜禽养殖现状及环境对畜禽生长的重要性，从畜禽健康养殖的理念出发，提出畜禽舍环境监测及预警系统，为保证环境数据的实时与准确采集，将无线传感器网络应用到畜禽健康养殖中。以商品猪为例，研究了猪对各环境因子的需求，归纳出商品猪的适宜生存环境及各种不良环境诱发的疾病、传染病和提出动态预警机制，将实时监测与推理决策相结合，初步实现了猪舍环境信息实时监测及预警。王冉等针对规模化畜牧养殖中畜禽舍环境监测难的问题，设计开发了一套基于无线传感网络的畜禽舍环境监控系统，该系统能对畜禽舍环境参数（如温度、湿度、光照、大气压、氨气浓度等指标）进行实时监测，并能智能化地根据设定的环境指标上下限自动控制畜禽舍相关设备如风机、风扇、湿帘、电灯等的开启，最终达到将畜禽舍环境参数控制在设定范围、减少动物热应激、净化畜禽舍环境、促进动物健康成长的目的。姜荣昌对国内外畜舍养殖环境监控技术研究现状进行调研，结合我国的实际情况，重点研究了东北高寒地区畜舍养殖环境的特点，针对具体的研究目标和内容，建立了适合我国国情的成本低廉、性能稳定的畜舍养殖环境监测系统。首先，构建了畜舍养殖环境监测系统的硬件部分：其中包括温湿度监测设备、二氧化碳监测设备、氨气监测设备、硫化氢监测设备和光照监测设备；并将前 4 种传感器组合在一起，建立了养殖环境参数感知集中器；又根据现场实际环境的不同情况，分别设计了基于 RS485 有线通讯方式的设备和基于 ZigBee、GPRS 无线通讯方式的设备，并提出相应的硬件系统抗干扰解决方案。其次，构建了畜舍养殖环境监测系统的软件部分：基于 C/S 构架的数据采集系统主要负责环境参数信息采集和存储任务，该采集系统能够 24 小时不间断工作，具有完善的权限管理机制和可靠的检测机制，当舍内环境信息超过预警值时记录相关报警信息并及时告知管理人员；基于 B/S 构架的远程数据查询平台主要负责为远程用户提供查询任务，该平台不仅支持多用户高并发访问，而且还可生成各种报表和趋势曲线图等，为管理人员提供第一手详实的数据资料。其中，软件部分设计出的多数据库无缝切换的数据访问模块、串口通信模块、基于 TCP/IP 通信模块、数据曲线模块和系统缓存模块等，具有良好的可复用性和可移植性，减少了相似课题的工作量。最后，根据不同现场环境分别给出了基于 RS485 有线网络和基于 ZigBee、GPRS 无线网络的养殖环境外部的项目实施方案及畜舍内部传感器安装位置和方式等方案，为不同需求的用户提供全面的技术支持，系统整体结构如图 2-12 所示。

周茁针对规模化封闭式猪舍养殖中氨气浓度和空气温度的预测需求，搭建了氨气浓度监测平台。平台监测的数据包括空气的温度、湿度、氨气浓度、二氧化碳浓度、硫化氢浓度等，同时使用 ZigBee 网络和 WiFi 网络技术作为数据传输的通信网络，使得技术人员可

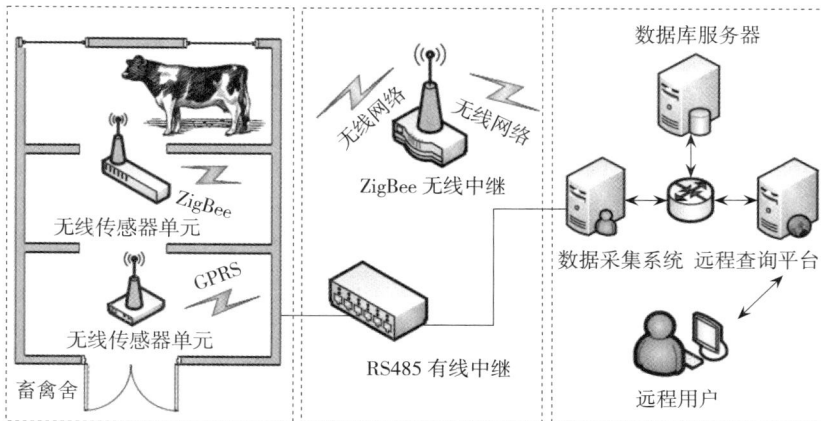

图 2-12 畜禽养殖监控系统整体结构

随时随地获取现场数据,并进行管理及异常情况的处理。

(五)水产养殖环境监测

水产养殖是我国渔业的一个重要组成部分,中华人民共和国刚成立时,我国淡水养殖的总产量仅有 10 万吨,海水养殖产量仅有 1 万吨。随着我国水产养殖业的发展,我国水产品养殖产量占全世界养殖水产品总量的 65.7%,水产养殖已经成为我国发展最快的食品生产行业之一,为保障食物供给、促进经济增长做出了巨大贡献。根据联合国粮食及农业组织的数据,目前,我国约有 1 000 万人直接从事于水产养殖行业,水产养殖行业总产值已经超过 6 000 亿元,为我国创造了巨大的就业机会。然而,由于工业废水、城市废弃物和养殖环境本身等造成的水产养殖水质污染问题也日益严重,特别是随着水产养殖的方式向着工厂化和集约化方向发展,投饵量和养殖的密度大大增加,养殖污染更趋严重。养殖水体的污染不仅危害了鱼类的生存,致使渔业资源日趋衰退,人类因食用遭受污染的水产品后,对身体健康会有很大威胁。养殖水体的污染不但给社会经济造成很大的影响,而且严重地制约了我国水产养殖业的可持续发展。

农业水体是养殖对象生活的场所,其环境条件影响着养殖效果,而养殖水质则直接决定着养鱼的成败。俗话说"养鱼先养水",养殖生产成功的关键在于水,只有管好水,养殖的成功才有保障。农业水体信息感知是指检测养殖水体中溶解氧、电导率、pH、氨氮、叶绿素、浊度、水温等养殖对象生长的关键影响因子,掌握其变化规律,为水质调控决策奠定基础。曹泓以水产养殖水质为研究对象,应用紫外光谱和近红外光谱分析技术,结合化学计量学方法及数据融合技术,开展水产养殖水质 COD 检测研究,并在此基础上建立了水产养殖水质 COD 的快速检测分析模型,为实现水产养殖环境的实时监控提供了理论和技术依据。在当前水产养殖水质污染严重,国家要求实现水产健康养殖的大背景下,研究水产养殖水质快速和准确的检测方法,具有非常重要的意义。同时,基于光谱的水质信息获取和感知方法的研究,也为光谱技术用于养殖水质其他指标的快速检测提供了研究思路。彭发通过研究目前溶氧、电导率、pH、水温和水位的监测情况,选用技术成熟、使用寿命长的 Clark 氧电极作为溶氧测量的敏感元件;选用四电极结构的电导率电极作为电导率测量的敏感元件，有效地解决了电导率测量中的极化效应；选用复合电极作为测量的敏感元件，可产生相应的 pH 膜电位。通过对调理电路的设计，使溶氧、电导率、pH、水温和水位信息转换为微控制器能处理的电压信号。针对水质多参数信号同时采集、存在干扰的状况，设计了电源管理模块，实现了水产养殖水质五参数监测仪对各电极的分时供电；同时微控制器电路、通讯模块和报警模块的设计，保证了水产养殖水质五参数监测仪实际测量的可行性。软件方面，通过 A/D 转换程序、把模拟量转换为数字量，软件滤波、滤除信号采集中的噪声信号，数据融合判断、对水质污染情况进行预警，实现了水产养殖水质五参数监测仪的智能化。针对溶氧、电导率等参数测量中易受温度等因素的干扰，从理论分析入手，以实测数据为依据，设计了各参数标定方法和补偿校正模型，水产养殖水质五参数监测仪在测量时操作简便、成本低、测量精度高，符合水质监测的要求。为解决目前水产养殖水质自动监测系统存在布线困难、灵活性差和成本高等问题，黄建清等构建了基于无线传感器网络的水产养殖水质监测系统。该系统的传感器节点负责水质数据采集功能，并通过无线传感器网络将数据发送给汇聚节点，汇聚节点通过 RS232 串口将数据传送给监测中心。传感器节点的处理器模块采用 MSP430F149 单片机，无线通信模块由 nRF905 射频芯片及其外围电路组成，传感器模块以 PHG-96FS 型 pH 复合电极和 DOG-96DS 型溶解氧电极为感知元件，电源模块以 LT1129-3.3、LT1129-5 和 Max660 组成的电路提供 3.3 伏和±5 伏。设计了传感器输出信号的调理电路，将测量电极输出的微弱信号放大，满足 A/D 转换的要求。节点软件以 IAR Embedded Workbench 为开发环境，采用单片机 C 语言开发，实现节点数据采集与处理、无线传输和串口通信等功能。监测中心软件采用 VB6.0 开发，为用户提供形象直观的实时数据监测平台。对系统的性能进行了测试，网络平均丢包率为 0.77%，pH、温度和溶解氧的平均相对误差分别为 1.40%、0.27% 和 1.69%，满足水产养殖水质监测的应用要求，并可对大范围水域实现水质环境参数的实时监测。刘双印以水产养殖中河蟹养殖水质关键参数溶解氧为研究对象，采用信号处理技术、群集智能计算和机器学习技术，研究了基于计算智能的水产养殖水质预测预警方法。针对水产养殖水体水质参数多、互相作用机理复杂、水质参数间的作用关系及参数自身的变化规律难以分析等问题，提出了基于系统动力学和能量守恒的水质参数互相作用关系方法，建立了溶解氧、pH、水温等水质参数系统动力学模型，阐明了水产养殖水质关键参数互相作用的关系。研究表明，该方法是适用于水产养殖水质参数定性的多因素分析方法。针对监测的水质数据中存在数据缺失和噪声影响预测预警方法性能的问题，提出了简单实用的养殖水质数据修复、降噪与特征提取方法。通过线性插值法，相似数据的水平和垂直处理均值法对数据进行修复；采用改进小波分析方法对水质数据进行降噪和特征提取处理。在相同条件下，与其他方法相比，改进小波分析的降噪方法，其评价指标 SNR 提高了 18.93%，BIAS 和 RMS 分别下降了 96.15% 和 33.76%。结果表明，该方法能够满足养殖水质数据净化的要求，为养殖水质信号降噪和特征提取提供一条新手段。针对传统预测方法不适于小样本、高维数、参数优化受人为主观因素影响大等问题，提出了基于 ACO-LSSVR 的水产养殖溶解氧非线性预测方法。该方法通过基于"探测"思想的局部精细搜索和信息素动态更新思想，改进了蚁群优化算法，实现了 LSSVR 模型最佳参数自动获取，构建了 ACO 融合 LSSVR 的溶解氧非线性预测模型。

二、"互联网+"动植物生命信息监测

动植物生理信息反映动植物营养、健康等状况，利用信息技术迅速、准确和实时地获取动植物生理信息，分析动植物生长状况，对于动植物研究和指导生产等具有重要意义。植物生理学其目的在于认识植物的物质代谢、能量转化和生长发育等的规律与机理、调节与控制及植物体内外环境条件对其生命活动的影响，包括光合作用、植物代谢、植物呼吸、植物水分生理、植物矿质营养、植物体内运输、生长与发育、抗逆性和植物运动等研究内容。农业动植物生理信息感知是指借助现代检测技术手段，获取作物茎流、冠层温度、植株直径、叶片厚度等作物生理信息，为作物水分含量分析、灌溉等提供数据源；检测作物叶绿素、氮素等含量，为变量施肥施药等提供技术支撑；检测动物脉搏、血压、呼吸等信息，为疾病预警及诊断提供数据源。

1. 植物生理信息感知 对植物信息采集的研究主要包括表观可视信息的获取和内在信息的获取，表观信息如作物苗情长势、病虫害、果实膨大状况、生物量、茎干直径、叶面积等信息，内在信息包括叶绿素含量、氮素含量、光合速率、种子活力、叶片温湿度等，主要监测手段为光谱技术及图像分析等。何勇等从植物养分信息监测技术、植物生理生态信息动态监测技术、植物病害及农药等非生物胁迫信息检测技术、植物虫害信息检测技术等方面总结了光谱技术在农业信息感知中的应用及核磁共振成像技术在农业信息感知中的应用。倪军等根据作物生长指标的光谱监测机理，研制了一种四波长作物生长信息获取多光谱传感器，较好地实现作物冠层反射光谱的实时在线检测。夏于等应用卫星遥感数据获取大田种植作物"面状"苗情信息，研究了孕穗期冬小麦关键苗情参数与籽粒品质参数和产量间及其与卫星遥感变量间的定量关系，构建了冬小麦孕穗期关键苗情参数遥感反演模型，实现了农情信息的快速获取。

2. 动物生理信息感知 对动物生命信息的监测主要包括动物的体温、体重、行为、运动量、取食量、疾病信息等，通过相关监测，了解动物自身的生理状况和营养状况及对外界环境条件的适应能力，确保动物个体健康生长，主要监测手段包括动物本体监测传感器、视频分析等。

Handcock等利用地面传感器结合卫星遥感图像来研究动物行为及与环境的交互情况。Nagl等利用脉搏血氧计、呼吸传感器、体温传感器、环境传感器及GPS模块构建了牛科动物移动观测系统，为防止疾病在畜群中传播提供了监测手段。熊本海等针对繁殖母猪及泌乳奶牛精细饲养所涉及的物联网关键技术，从智能标志技术、智能发情检测技术、智能设备装备与控制的饲喂技术方面分析了国内外研究进展。刘双印等以南美对虾养殖为研究对象，融合养殖环境实时数据、对虾疾病图像数据和专家疾病诊治经验等多种信息，构建了基于物联网的南美对虾疾病远程智能诊断系统。

三、"互联网+"农产品采收后处理

（一）农产品品质检测研究

农产品品质无损检测是在不破坏被检农产品的情况下，应用一定的检测技术和分析手段对其内外部品质进行测定，并按一定的标准对其做出评价的过程。由于农产品在其生产

过程中容易受到人为或自然等复杂因素的影响，产品内部品质和外部品质差异很大。传统的检测技术，如高效液相色谱法（HPLC）、质谱分析法（MS）及切瓣理论等，通常是费时、费力，且对研究对象具有破坏性。因此，有效可靠的农产品检测系统的开发依然面临巨大挑战。农产品品质检测内容主要包括农产品颜色、大小、形状、纹理及缺陷损伤等外观信息和农产品成熟度、糖度、酸度、硬度、农药残留等内在品质信息。

1. 外观品质检测研究

（1）颜色大小分级。颜色和大小是最基本的分级指标，基于颜色和大小的自动化检测方法已比较成熟，几乎所有的分级装备都具有颜色和大小的分级功能。对于水果的颜色分级，在较多的颜色空间模型中，RGB 和 HIS 模型是使用最为广泛的两种。Rao 等通过建立颜色模型实现水果品质的检测。Lee 等研究了颜色转换模型和颜色分类分选技术对水果成熟度进行评价。王建等利用 RGB 模型计算苹果的着色面积实现苹果自动分级。目前，国外基本实现了水果颜色的自动分级，但国内由于没有解决颜色快速准确的分级算法，在线检测技术尚不成熟。

（2）形状分级。对于形状分级，通常采用基本形状特征、矩特征、边界描述算子等进行描述。Laylin 利用傅里叶变换提取番茄圆度特征，并指出该特征值与形状偏离圆形程度大小的关系。李秀智利用傅里叶描述子描述形状特征，并结合前向 3 层神经网络对苹果形状进行分类。林开颜提出一种基于傅里叶变换的水果形状分级方法，采用梯度法检测彩色水果图像的边缘，再用边界跟踪算法获取水果的轮廓半径序列。应义斌利用 Zernike 矩对水果进行形状分类。

（3）表面缺陷分级。水果表面缺陷和损伤的自动检测是水果机器视觉分级中的一个研究重点、难点。表面缺陷包括腐烂、虫咬、压伤、疤痕等，大多是提出某种图像处理的方法。Miller 利用颜色的差异进行了桃子表面缺陷的自动检测研究；赵杰文等提出了利用高光谱图像技术检测水果轻微损伤的方法；Kleynen 等利用多光谱成像系统识别乔纳金苹果的缺陷，寻找特征波段的图像然后采用阈值分割法分割缺陷；Blasco 等为了能够更好地对柑橘的缺陷进行检测分类，在 HSI 颜色空间下采用 3 种成像系统分别获取了缺陷的近红外（NIR）、紫外（UV）和荧光（FL）图像。上述主要方法或者是多相机结合、或者是利用较为复杂的算法进行灰度补偿，尽管有些方法已取得了比较好的效果，但是成本提高，实时性也会受到影响。有少数提出水果分级检测从特征提取、对象表达到对象划分的整体模型。李甦针对水果自动分级检测的要求，结合水果的视觉特性，利用水果目标表面颜色的特殊性，经过大量统计实验总结出在不同彩色模型下的生物目标表面颜色分布规律，提出了描述水果表面缺陷的大小与程度的"数量—程度"空间模型，利用图像处理与模式识别等技术，提出了数量与程度两个分量的获取、变换、表达。

（4）纹理分级。表面纹理特征是衡量水果外部品质的重要指标，可以反映果实成熟度和内部品质，纹理鲜明的果质高于不鲜明的果质。纹理分析方法分为统计方法和结构方法。纹理识别方法很多，根据纹理特征提取方法不同，有基于灰度共生矩阵、基于马尔可夫随机场模型特征和小波变换等多种方法；根据采用的分类器不同，主要有神经网络、贝尔斯分类等纹理识别方法。Zhou 利用傅立叶变换把图像以 8×8 的正方形窗口变换到频域，在频域中利用对傅立叶变换系数进行直方图统计和分析来提取纹理特征。付树军提出了一种特征驱动的双向耦合扩散方法，增强了不同图像区域之间过渡自然的图像纹理。刘忠伟利用灰度共生矩阵提取图像的纹理特征。国内研究纹理分级的还较少，康晴晴提出一种梯度法苹果表面纹理分级方法，采用梯度算法对苹果灰度图像进行两次梯度锐化，使苹果纹理清晰显示，再利用梯度差分算法提取图像的平均梯度信息，最后建立纹理分级模型，实现了苹果表面纹理的有效分级。

2. 内部品质检测研究 孙通等概述了近红外光谱分析技术在水果、鱼类、畜肉类、牛奶、谷物及奶酪酒精发酵上的在线品质检测/监控应用上的研究进展，指出了近红外光谱分析技术尚存在的问题，并对今后的近红外光谱分析技术作了展望。罗阳等对高光谱成像技术的原理特点及其成像技术在农产品无损检测中应用的最新研究进展进行了综述，分析总结了国内外高光谱成像技术在农产品品质无损检测发展中存在的问题及应用前景。

Xing 等利用多光谱成像系统对内部完好和内部受到虫害的酸性樱桃进行检测，得到在 580～980 纳米高光谱透射图像；用光谱辐射计光谱在 590～1 550 纳米得到反射光谱，再用基因遗传法（GA）对其进行分析。结果表明，由于樱桃自身结构的特性而导致透射成像法对内部虫害识别存在一定的困难。对反射光谱进行分析，得到 3～4 个特征光谱与樱桃内部虫害相关性较高，并用偏最小二乘法（PLSDA）判别模型对 GA 选择的波长进行判别，错判率只比选用全波段为变量所建立的模型低 10%～20%。Peng 等两位学者利用高光谱散射成像技术对苹果进行检测。首先，对带有不同参数的 10 个洛伦兹矫正函数对散射光谱图进行校正。然后对散射图谱进行修正以减少样品尺寸和仪器反射强弱对判别结果的影响。接着用多元线性回归方程和交叉验证方法比较经过洛伦兹校正函数修正后的散射图谱对苹果的硬度和可溶性固形物（SSC）进行预测，得知有 3 个变量的洛伦兹校正函数对硬度和 SSC 预测效果最好。最后，选择 21 和 23 个波长分别对金冠苹果的硬度及可溶性固形物进行预测，达到了较好的效果。Lu 等应用近红外高光谱技术并结合主成分分析方法（PCA）和基于统计学习理论的支持向量机预测模型（RBF-SVM）对猕猴桃的隐性损伤进行检测，得到了 682、723、744、810、852 纳米等 5 个特征波长，预测模型错判率为 12.5%。

当前研究中多数采用仪器本身自带软件进行图像采集或是光谱曲线获取，并将实验数据保存，最后再通过其他的数据分析工具进行建模分析。大批的建模分析数据只是基于理论研究，没有实用化到具体的检测设备中，因此也不能在实际中实时给出检测结果。为满足对样品组分定量预测软件的需求，祝诗平等设计并实现了农产品近红外光谱品质检测软件系统。该系统由光谱文件管理、光谱显示、光谱信号处理（预处理）、光谱校正模型的建立与管理、未知样品的组分浓度预测等五大功能模块构成。赵娟等利用 VS2010 与 Matlab 混合编程方法设计了用于农产品品质指标检测的高光谱成像在线检测系统的控制分析软件，包括仪器参数设置模块、信号检测与控制模块和数据采集与分析模块，完成了图像采集、图像合成、运动控制、数据提取分析及存储、显示功能。该控制分析软件设计提高了高光谱成像技术应用的实用化，实现了对农产品品质指标的无损、实时、快速检测分析。

此外，农产品品质无损检测技术还包括电磁特性检测技术、光学特性检测技术、声波振动特性检测技术电子鼻技术等。

（二）农产品分级分选研究

我国是农业大国，也是蔬菜、水果等农产品的生产大国，总产量居世界第一位。我国出口到国外市场的各类农产品由于产后处理不完善，如优次不分、包装水平差等，导致缺乏市场竞争力，甚至毫无竞争优势；而在欧美和日本等发达国家，农产品收获后，都要经过严格的分级和包装，不仅拉开了价格档次，而且也方便了购买者，具有很强的市场竞争力。加入WTO后，我国农业面临着前所未有的竞争，农民的增产增收受到严峻的考验，而这也正是当今我国社会关注的焦点"三农"问题的关键，这就迫使我们要紧跟时代的步伐，使农产品通过标准分级，提高市场竞争力，以达到增加农民收入的目的。农产品的检测与分级已成为当今许多科研人员非常感兴趣的研究方向，国家也给予了较大的投入。

我国农产品种类繁多，进行分级研究的对象也各不相同，主要有蔬菜和水果的检测与分级，如黄瓜、番茄、胡萝卜、苹果、梨、橘子等；谷物籽粒的检测与分级，如小麦、大豆、玉米等；经济作物的检测与分级，如烟叶、茶叶等；农副产品的检测与分级，如禽类、蛋类、肉食类等。

农产品分级对象的多样性，导致了农产品检测分级研究中使用方法的多样性，并且每种方法都具有各自的特点。从人工分级、机械分级、机电结合分级到计算机视觉分级和核磁共振分级方法等，都在农产品分级中进行了应用，每种方法都有其自身的特点及适用范围。

毛璐等着眼于近年国内外机器视觉技术在农产品检测分级中的研究进展，针对农产品中水果、谷物籽粒、家禽、家畜和蔬菜，综述了各类农产品品质特征在检测分级中的应用和具体分级方法。席兴军等针对我国目前农产品质量分级标准存在的相关标准缺和技术内容适用性差等问题，通过分析经济发达国家农产品质量分级标准的现状，梳理其先进做法和经验，并在此基础上比较我国农产品质量分级标准与国外的差距，最后总结了我国在制订农产品质量分级标准时可借鉴的经验和方法。王静娜等介绍了机器视觉技术在农产品采收和产后包装过程中国内外的应用现状，利用机器视觉技术实现农产品采收自动化主要是通过将数字摄像系统配置在收获装置上，在农产品的采收工作中，可以首先对目标进行图像处理并进行分析，一旦目标准确，就可以对其进行准确采摘。农产品在产后加工包装过程中，如果出现污染、标签破损或者色差等问题就会对产品的销售造成很大的影响，通常人们也会对产品的质量等问题提出质疑。将机器视觉技术应用于农产品的包装外观印刷品检测过程中，不仅提高了工作的效率，而且减少了在人工检测中，由于人为原因引起的失误。

分级分选系统通常主要包括机器视觉系统和机械系统，如图2-22所示。视觉系统中CCD摄像机可以将所要识别的实物以图像的形式记录下来，由插入计算机内部的图像采集卡将摄像机采集到的电模拟信号转换为数字信号，将图像数字化，然后计算机对图像的数字信号进行所需要的各种处理。光照系统为实物图像采集提供合适的光照条件。机械系统主要包括输送带、控制器及分离执行件（图2-13）。

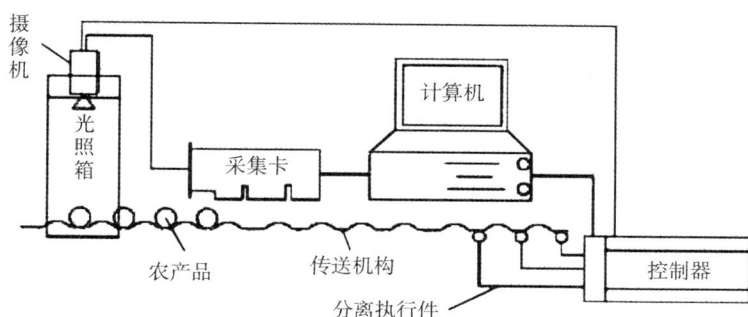

图 2-13　分级分选系统

四、"互联网+"农产品质量安全追溯

农产品质量安全追溯是"互联网+"农业应用中开展最早、最为成熟的一项工作，主要集中在农产品仓储及物流配送等环节，通过条形码技术、电子数据交换技术、RFID读写器和电子标签等技术实现物品的自动识别和出入库，利用无线传感器网络对仓储车间及物流配送车辆进行实时监控，从而实现主要农产品来源可追溯、去向可追踪的目标。

赵荣等分析了美国、欧盟、日本的食品质量安全追溯制度、监管机构和监管内容的基础上，总结其在食品质量安全追溯监管体系方面的经验，并得出发展中国食品质量安全追溯监管体系的一些启示。杨信廷等辨析了可追溯性和追溯系统概念；在此基础上从追溯编码与产品标志技术、供应链各环节信息快速采集技术、质量安全智能决策与预警技术和溯源数据交换与查询技术四方面综述了国内外研究进展；结合物联网的技术特点构建了"一核、双轴、三链"的农产品及食品质量安全追溯系统技术体系框架；最后分析了实施追溯系统急需解决的问题。Costa 等阐述了 RFID 技术在农产品质量安全与追溯方面的发展现状，分析了 RFID 技术面临的机遇和挑战，指出了其未来研究的方向。刘寿春等研究了检测冷却猪肉物流环节主要腐败菌和病原菌的数量变化，设计基于统计过程控制的均值-极差控制图，为监控猪肉冷链物流过程提供科学的管理和控制方法。杨信廷等用初级蔬菜产品作为研究对象，构建了蔬菜质量追溯及安全生产管理系统，从信息技术的角度实现了蔬菜质量安全追溯。

沈振华针对禽蛋食品，充分利用计算机技术、网络通讯技术和物联网技术，提出了适用于大型禽蛋食品生产企业特点的面向全产业链的禽蛋食品追溯系统，以提高禽蛋食品生产、库存、配送和销售过程中的质量安全，满足消费者的溯源性消费需求。雷云通过实地调研并参考现有国家标准和质量安全体系分析了稻米供应链，建立了追溯关键指标，以 RFID（Radio Frequency Identification）和二维码标志技术为切入点，开发了适合不同类型企业的稻米质量安全追溯系统。在稻米供应链的种植、贮存和加工环节以 RFID 系统自动采集信息，在流通销售环节以 QR 二维码标签实现追溯。RFID 和 QR 二维码结合，可提高工作效率和经济效益，适用于广大中大型企业的流通跟踪，在实验室条件下模拟稻米供应链，运行良好。此外，农产品的质量安全追溯研究还在蔬菜、肉制品、粮食作物、经济作物等各方面广泛开展。

第二节 "互联网+"农产品流通

一、农产品流通现状

改革开放以来，我国农产品生产和流通总体保持平稳较快发展，生产规模不断扩大、产量大幅增长、品种日益丰富。但随着工业化、城镇化进程快速推进，城市对农产品生产供应的投入日益减少，农产品自给率低，无法满足人民群众不断增长的消费需求。因此，城市农产品供应大量依赖着外地提供，形成我国农产品供应的运输距离长、流通环节多的"大流通"局面。同时，我国农产品生产又是千家万户式的"小生产"，农产品的收购和运输过程高度分散，无法发挥物流的规模化优势。农产品从产地到餐桌，要经过冗长的交易和运输链条，造成农产品供应抵御自然灾害冲击的能力下降，加剧了其价格的异常波动，因信息不对称引起的"买难卖难"现象亦时有发生。农产品物流与工业品物流相比，主要有3点特殊性：第一，农产品的物流数量大、品种多、形状各异，没有完整的标准体系，量化困难；第二，农产品具有明显的生物特性，在物流运输过程中不能污染或变质，物流专业性要求高；第三，农产品价格较低，必须做到低成本运输，很多工业化物流技术和管理手段无法运用其中。这些特性造成了农产品物流的包装难、运输难、仓储难等众多问题。在我国农产品"小生产""大流通"的格局下，农产品将近一半要经过市场进行流通。而我国农产品在采摘、运输、贮存等物流环节上，损耗率数倍于发达国家。据统计，我国农产品物流成本占其总成本的50%～70%，物流环节的问题是导致农产品价格居高不下的主要因素。

二、农产品物流发展阶段

第一阶段是20世纪初至50年代物流的萌芽初始阶段。实业界开始对物流关注，1956年物流概念引进，受到理论界和实业界重视。在此期间政府加强对物流基础设施的建设，比较重视有关车站、码头的装卸运作的研究和实践重视工厂范围的物流。对传递物料搬运进行变革，对厂内的物流进行必要的规划。

第二阶段是20世纪60～70年代现代市场营销观念形成，物流在为顾客提供服务上起了重要作用。特别是配送得到快速发展强调实现物流的近代化，开始在全国范围内进行高速道路网、港口设施、流通聚集地等基础设施的建设物流的需求增多，形成了基于工厂集成的物流。成立了动态的物流配送中心。信息获取采用了电话、计算机等设备和技术。

第三阶段是20世纪70～80年代逐步改变传统的采购、销售、研发等企业分解式管理的思维方式，物流已向协作化和专业化方向发展进入物流的合理化阶段。用系统的观点开展降低成本的活动，企业内开始出现专业物流部门。物流子公司开始兴起。全国范围的物流联网蓬勃发展开始探索综合物流供应链管理，实现物流服务的差别化。制造业采用准时生产模式，物流采用了现代的传真、条形码扫描等技术，同时第三方物流开始兴起。

第四阶段是20世纪90年代至今现代物流高速发展向信息化网络化发展。利用信息系统、条形码等技术收集传递信息。受到经济发展的制约，物流合理化观念的面临进一步变革。物流企业的信息基本现代化，基于互联和电子商务的电子物流正在兴起。

对于"互联网+"背景意义下的农产品流通则可进一步划分为 3 个阶段：

第一阶段是 1995—2005 年，1995 年郑州商品交易所集诚现货网成立，开始探索农产品网上交易。1999 年全国棉花交易市场成立，2000 年中华粮网成立，2005 年开创中央储备粮网上交易探索。此阶段主要是一些资讯网站，也有部分大宗农产品的网上交易。

第二阶段是 2005—2012 年，2005 年易果网成立，2008 年出现了专注做有机食品的和乐康和沱沱工社，主要开展小众市场尝试。2009—2012 年涌现出大批生鲜电商，随着大量商家进入这个行业，行业泡沫逐渐产生。当时市场需求尚小，而生鲜电商模式也只是照搬其他电商的运作模式，最终导致很多企业倒闭。

第三阶段是 2012 年至今，2012 年被誉为中国生鲜电商元年，风起云涌的生鲜电商，成为电商领域的浪潮之巅。2013 年，农产品电商企业大战开始，市场中涌现出顺风优选、1 号生鲜、沱沱工社、菜管家、我买网等一大批优秀的生鲜电商，B2C、C2C、C2B、O2O 等各种模式也竞相推出。

经过多年的发展，互联网支撑下的中国农产品流通由起步走向正规，中国农产品电子商务网站功能和信息服务日趋完善。数据显示，全国涉农电子商务平台已超过 3 万家，其中农产品电子商务平台已达 3 000 家，而通过电子商务流通的农产品只占流通总额的 1%左右。而我国服装类电子商务占整个服装零售业的 17%，电商产品占总零售额的 15%。因此相比较而言，农产品电商发展潜力巨大。2015 年，中国农业电子商务市场交易规模为 1 444.5 亿元，渗透率不足 1.5%，预测 2017 年开始将迎来高速增长期，环比增长率将达到 51.6%，2018 年，中国农业电子商务市场交易规模将超过 3 800 亿元，未来中国农业电子商务市场发展空间巨大（图 2-14）。

图 2-14 中国农业电子商务市场交易规模预测（2013—2018 年）

三、农产品现代流通综合试点

为贯彻落实《中共中央 国务院关于加大统筹城乡发展力度进一步夯实农业农村发展基础的若干意见》（中发［2010］1 号）精神，加快农产品现代流通体系建设，2010 年，中央财政支持部分地区开展农产品现代流通综合试点中提出，力争在 3～5 年内初步建成高效、畅通、安全的农产品现代流通体系。主要任务包括：

（1）加强农产品流通基础设施建设。鼓励大型农产品批发市场建设和改造交易、仓储、加工配送等设施，不断完善商品集散、价格形成、信息发布等功能；推动农贸市场改造交易和配套等设施，提供良好的消费环境；支持农产品连锁超市建立鲜活农产品配送中心，提高农产品配送率；支持农产品冷链设施建设，鼓励企业建设和改造冷库，配置冷藏车等设施，延长农产品销售期。

（2）打造现代化农产品流通链条。开展"农超对接"，鼓励大型连锁超市与鲜活农产品生产基地进行产销对接；引导批发市场紧密联系农产品生产基地，开展团体、超市配送服务和网络交易，进而减少流通环节，降低流通费用和农产品损耗。

（3）推行农产品品牌化和包装化。创新农产品流通模式，鼓励农产品流通企业和批发市场大经销商开展订单农业，采用农产品购销标准，对鲜活农产品实行分级包装，培育自有品牌，为建立农产品追踪溯源体系打下基础。

四、农产品流通方式创新路径

彭育松等通过研究"互联网+"背景下的农产品流通效率与流通方式创新优化路径，提出农产品流通方式创新的对策建议。通过分析"互联网+"的资源观内涵和农产品流通方式演变及发展规律，建立"互联网+"助推农产品流通方式创新机理的分析框架，得到农产品流通方式创新的路径：产销一体化模式—平台模式—共享合作模式。

1. 产销一体化模式 在"互联网+"推动下，消费者权益保护意识日益清醒，消费者对自身购买的农产品有了准确的定位和明确的要求。农业生产者在面向市场销售时，需要充分尊重消费者的需求。同时，"互联网+"提供了一个交流与协作的平台，将农业生产者、农产品专业合作社、农产品流通经理人、农产品消费者等形成一个有机的协作体，实现全供应链的一体化运作，从而在最大限度上保证了产销一体、效率优先。

2. 平台模式 "互联网+"发挥其平台优势，吸纳整合各种有用资源，打造一个多方参与、多方获利、多方维护的公共平台。农产品流通公共平台能够进行双边、多边的撮合，实现资源最大限度的合理利用，从而提升农产品流通效率。在平台模式下，农产品流通的组织结构形式将发生很大的变化，如图2-15所示。

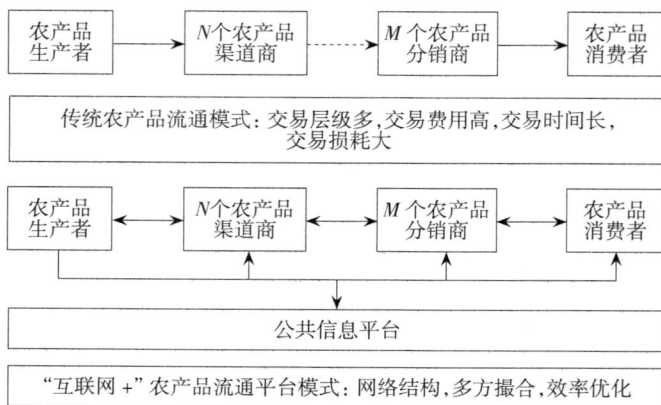

图2-15 传统农产品流通模式和"互联网+"农产品流通平台模式对比图

3. 共享合作模式 基于平台模式，将农产品流通的各个主体联合在一起，形成一个共享合作的"农产品流通生态圈（Biosphere）"。多个农产品流通的利益相关者，通过竞争合作、优胜劣汰，实现多主体的共享、共创、共赢、互生、共生。基于供应链、价值链、服务链和利润链，依托农产品流通的"市场+互联网+生态系统"，形成一个动态可持续的合作模式。总体而言，基于"互联网+"，农产品流通方式创新将沿着"产销一体化模式—平台模式—共享合作模式"的路径发展，从而推动农产品流通现代化。政府、农产品生产者、流通商、消费者需要更新观念、创新思维，以全新的视角审视正在发生的农产品流通变革。只有这样，才能适应未来的发展需要。

第三节 "互联网+"休闲农业

休闲农业是将旅游文化、农村文化融入农业活动中，给人们提供休闲观光、农业体验，带动产业融合形成 6 次产业的新型农业生产经营形态，对促进农业增效、实现农民增收发挥了积极作用。在信息化时代背景下，消费者对于信息的需求日益提高，互联网快速崛起，已经渐渐渗入到社会的各行各业。将"互联网+"融入休闲农业可以提升休闲农业的信息化水平，不仅有助于促进休闲农业的可持续发展，而且有助于提升休闲农业的经济效益、促进农民增收。

一、发展阶段

我国现代休闲农业大体经历了 4 个阶段、5 个时期，每个阶段和时期的主要特征、发展动力与重要标志如图 2-16 所示。

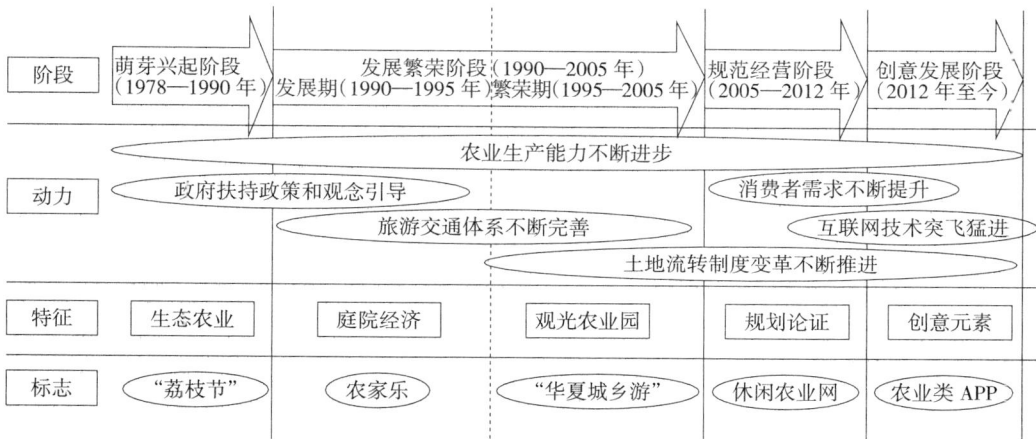

图 2-16 我国休闲农业发展的阶段、特征、动力及标志

1. 萌芽兴起阶段（1978—1990 年） 该阶段主要特征是全国各地掀起了生态农业发展热潮。发展动力主要是农业生产能力的提升、政府的政策扶持与观念引导。重要标志是深圳市率先开创的"荔枝节"与"采摘节"。

2. 发展繁荣阶段（1990—2005 年） 该阶段又可分为初步发展期和繁荣发展期两个

时期。

（1）初步发展期（1990—1995 年）。主要特征是继生态农业热潮后，庭院经济得到发展。发展动力主要是政府扶持政策的不断跟进及旅游交通体系的不断完善。重要标志是南方"猪—沼—果"、北方"四位一体"、西北"五配套"等模式的推广应用。该时期典型代表包括各类农家乐、渔家乐、牧家乐等。

（2）繁荣发展期（1995—2005 年）。主要特征是出现了引进国外先进现代农业基础设施的观光农业园。发展动力主要是旅游交通体系的不断完善、关键制度变革的不断推进。重要标志是 1995 年实行双休日制度，1998 年国家旅游局推出"华夏城乡游"。该时期的典型代表包括上海孙桥现代农业科技观光园、北京锦绣大地农业科技观光园、广州番禺化龙农业大观园、北戴河集发生态农业观光园、苏州西山现代农业示范园、成都郫县农家乐、武夷山观光茶园等。

3. 规范经营阶段（2005—2012 年）　主要特征是休闲农业开发建设开始注重整体规划和科学论证。发展动力主要是关键制度变革的不断推进、休闲农业消费需求的不断提升。重要标志是国家旅游局和农业部共同发出通告，提出建设"百千万工程"。该阶段的典型代表包括两部门联合构建的中国休闲农业网，它是面向全国的休闲农业资源共享平台。

4. 创意发展阶段（2012 年至今）　主要特征是科技、文化、社会、人文等方面的创意元素被融入休闲农业产业链的各个环节。发展动力主要是消费需求的个性化发展、土地流转等关键制度的变革、互联网技术与应用的突飞猛进。重要标志包括安徽绩溪"聚土地"项目的实施及各种休闲农业类手机软件（APP）的出现。

二、发展目标

"十三五"期间，农业部提出，要从休闲农业和乡村旅游产业长远发展出发，加快产业提档升级，真正把农民劳动生活、农村风情风貌、农业产业特色体现出来，努力把这一新业态打造成农民就业增收的新的增长级。要牢固树立"创新、协调、绿色、开放、共享"的发展理念，以促进农民就业增收、满足居民休闲消费需求、建设美丽乡村为目标，以激发消费活力、促进产业升级、实施产业脱贫为着力点，依托绿水青山、田园风光、乡土文化等资源，坚持农耕文化为魂、美丽田园为韵、生态农业为基、创新创造为径、古朴村落为形，推进农业与旅游、教育、文化、健康养老等产业深度融合，加强统筹规划，强化政策创设，组织实施休闲农业和乡村旅游提升工程，力争到 2020 年，产业规模年均增长 10％以上。

三、山东实践

2016 年，山东省农业厅、山东省发展改革委员会、山东省旅游局、山东省住房和城乡建设厅等 13 部门联合下发《关于积极开发农业多种功能大力发展休闲农业的意见》，并计划到 2020 年形成结构合理、类型丰富、功能完善、特色明显、发展规范的休闲农业格局，为城乡居民提供看得见山、望得见水、记得住乡愁的高品质休闲旅游体验。山东全省休闲农业经营主体发展到 2 万个，休闲农业经营收入达到 500 亿元以上，带动受益农户

100万户。为实现这一目标，山东将重点打造"红、黄、蓝、绿"四大休闲农业产业带：一是以特色民俗和革命历史追忆为依托的鲁中鲁南山区红色休闲农业产业带；二是以黄河文化和自然生态为依托的黄河三角洲黄色休闲农业产业带；三是以海洋文化和山水风光为依托的鲁东半岛蓝色休闲农业产业带；四是以黄河故道和运河湿地景观为依托的鲁西、鲁北、鲁南平原绿色休闲农业产业带。

在一系列政策和规划带动下，山东的休闲农业正逐步走向完善，由点到线再到面的休闲农业格局已经基本形成。山东四季分明，气候温和，适宜多种农作物生长发育，不但是蔬菜示范省，花卉与果木产业也是重要的农业支柱产业。全省农产品丰富，农产品特色多、品质优，并依托特色农产品，构建了一批特色休闲农业。

1. 日照休闲农业 近年来，日照市农业特色产业发展迅速，以绿茶、蓝莓为代表的一大批特色农业已逐渐形成规模化、产业化发展趋势。目前，已形成了茶叶、蓝莓、绿芦笋等一批产业乡镇和产业基地，"日照绿茶""陈瞳蓝莓""莒县绿芦笋""莒县丹参""五莲小米""五莲板栗"等成为山东省知名农业品牌。日照市特色种植业总面积已突破10万公顷，特色种植业产值占农业产值的比重超过70%。

为加快农业标准化生产步伐，保障休闲农业发展水平，日照市制订发布了日照绿茶等80项无公害产品生产技术操作规程，涵盖了整个农业生产领域，日照市标准茶园示范基地建设标准、日照茶叶生产技术标准成为山东省标准。同时，积极拓展休闲农业发展空间，推进莒县国家级和东港区省级现代农业示范区建设，精心打造一批现代农业综合体。积极发展"一村一品"，通过专业化生产、产业化经营，进一步巩固和提升特色主导产业，促进整个产业稳步发展。目前，已建设国家级"一村一品"示范乡镇6个，省级"一村一品"示范乡镇9个。

日照市还以提升园区品牌建设为着力点，大力开展农产品品牌培育工作，已培育中国驰名商标3个、中国名牌2个，山东名牌32个、山东省著名商标31个，农产品地理标志（证明商标）41个，认证无公害农产品、绿色食品、有机食品520个。日照绿茶、日照蚕茧、莒县丹参等农产品区域公用品牌享誉省内外，"日照绿茶"品牌价值已达49.87亿元，跻身全国茶叶品牌50强，创历史最高水平。此外，日照市在发展休闲农业时，注重其与农业、农村以及农民增收相结合，围绕增收这条主线，提出"立足特色，增收为本"的休闲农业工作思路。通过休闲农业相关活动的扎实开展，在推动全市乡村旅游事业发展的同时，为农业、农村发展和农民增收提供了新渠道、新途径。目前，日照市休闲农业发展在带动农业提质增效的同时，带动直接就业农民2万人以上，带动农户3.5万户以上，户均农民增收5 000元以上，极大地刺激了农村经济的快速发展。

2. 临朐休闲农业 家庭农场、农产品种植基地成为乡村游的又一特色版块，为临朐休闲农业注入了新的活力。临朐县山地丘陵面积占87.3%、境内森林覆盖率达45.7%，先天生态优势突出，乡村旅游资源丰富。近年来，临朐推进"旅游强县"战略，按照"农旅融合"思路，启动"合作社＋乡村游"模式，走出了一条农村提质、农业增效、农民增收的特色发展路。

寺头镇福泉村是一个昔日默默无闻的小山村，在美丽乡村建设中，依托福泉立村古槐、福水圣泉、石墙土屋、传统民俗，该村着力打造福泉五福文化民俗村。独特美丽的乡村景观吸引了越来越多的游客，福泉村顺势创办了春福旅游专业合作社，引导村民经营农家乐、加工草编工艺品等，并领办福仓中草药专业合作社，带动村民发展黄芩、丹参等中药材种植，制成农产品礼盒销售。游客们逛累了，可到村里的"百草茶舍"品茶聊天，临走再带上几样土特产。福泉村支部书记冯爱建介绍道："下一步，俺们还要搞好矮化苹果的种植，建设牡丹园、美食园，打造集赏花、采摘、吃农家饭、购农产品于一体的生态农庄。"

临朐借助全省首批乡村旅游规划扶持契机，编制出台《加快乡村旅游发展的意见》，以"1+1＞2"理念统揽全局，整合农业、旅游资源，让休闲农业与乡村旅游抱团发展，实现资源价值最大化。随着休闲农业的蓬勃发展，临朐各大生态景区的"吸粉"能力也水涨船高：第三届山东省乡村旅游节将落脚点放在了嵩山生态旅游区，首届帐篷露营节在淹子岭开幕，《冠军去哪》微电影拍摄等20多项活动你方唱罢他登场，沂山"首届科技动漫嘉年华"、石门坊"红叶文化节——自行车骑行赛"、老龙湾"击鼓祈福"等精彩纷呈的节庆活动又提升了景区魅力指数，推动了农业与旅游深度融合，逐步在全县构建起了"春赏花、夏避暑、秋采摘、冬观雪"的四季农旅格局。目前，临朐拥有旅游特色村6个、工农业旅游示范点4个，城关街道寨子崮村被评为"2015全国休闲农业与乡村旅游示范点"，牛寨村荣获"中国乡村旅游模范村""中国最美休闲乡村"，有4人获评"中国乡村旅游致富带头人"，休闲农业混搭旅游的发展模式，在临朐大地上谱写了一支支致富新曲。

第四节　"互联网+"智能装备

农业装备是融合生物和农艺技术，集成机械、电子、液压、信息等高新技术的自动化、信息化、智能化的先进装备，发展重点是粮、棉、油、糖等大宗粮食和战略性经济作物育、耕、种、管、收、运、贮等主要生产过程使用的装备。农业装备是不断提高土地产出率、劳动生产率、资源利用率，实现农业现代化最基本的物质保证和核心支撑。

由于信息时代的到来，农业正处于一场革命的边缘，这场革命将农业带入"第三次浪潮"。目前，世界粮食生产已逐渐从"第一次浪潮"的农业体力劳动及属于"第二次浪潮"的机械化向信息、生物时代过渡。生命科学、信息科学、材料科学、环境科学、控制科学的不断发展和在农业领域中的全面渗透，为农业科技的进步注入了强大动力，世界农业正在发生巨大的变化，农业装备已从传统的功能型逐步向信息化、智能化方向发展。

一、国内外智能化农业装备发展动向

1. 耕作机械智能化技术　美国研制成功一种激光拖拉机，利用激光导航装置，不仅能够精确地测定拖拉机所在位置及行驶方向，使误差不超过25厘米，而且能够根据农场计算中心的电子图表，查找出该处土地的湿度、化学成分、排水沟位置等，准确计算出最佳种植方案、所需种子、肥料和农药数量。一人在室内荧屏前可操纵多台激光拖拉机进行耕作。可减少种子、肥料和农药消耗，节约生产成本50%，提高作物产量20%。各种耕作机械、整地机械及水稻育秧成套设备也装有性能可靠的传感器。

国内已在精播、栽植、耕作机械方面开展智能识别和检测技术的研究。应用单片机技术，研制出一种精密播种机智能监测仪，选定硫化镉半导体光敏电阻作为检测元件。用播种监测传感器进行漏播的监视，以导种筒为监视点，对每一个播行的每一个苗带进行监视。该仪器与大型宽幅精密播种机配套使用，可实现播种作业的全过程监测。当播种机发生漏播时仪器发出声音警报并有屏幕提示漏播行。此外，还研制了应用于瓜果秧苗嫁接机器人的视觉系统，应用形状特征抽出法和 BP 神经网络，能判别秧苗品质和秧苗方向，使得瓜类秧苗嫁接机器人在保证质量情况下实现全自动嫁接成为可能。利用带 DGPS 拖拉机和微机控制的测量仪获取反映农田土壤耕作阻力的空间分布信息。

2. 收获机械智能化技术　国外现代农业机械的特点是技术含量高、配套机具多、作业质量好、可靠性高。例如，性能优越的联合收割机装备有各种传感器和 GPS 定位系统，既可以收获各种粮食作物，又可以实时测出作物的含水量、小区产量等技术参数，形成作物产量图，为处方农作提供技术保障；美国卫西·弗格森公司在联合收割机上安装了一种产量计量器，能在收割作物的同时，准确收集有关产量的信息，并绘成小区的产量分布图。农场主可以利用产量分布图，来确定下一季的种植计划及种子、化肥和农药在不同小区的使用量。另外为了提高机具的设计水平和开发能力，日本洋马等农机公司都有各种联合收割机仿真试验台，使所开发的机具能适应各种复杂的田间作业情况。

国内应用单片微型计算机可监视联合收割机工作时转动部件的转速、粮仓装载量和发动机水箱水温。通过传感器对作业现场进行测试，将其信号传输给单片机，对现场进行实时检测，实现联合收割机的自动报警，降低故障频次，延长平均无故障工作时间，提高整机的工作可靠性。应用新颖的挤压力喂入量测试原理，研制了联合收割机喂入量传感器。研制了基于冲量原理的压电式谷物流量在线测量装置和产量实时监测系统。

3. 植保机械智能化技术　国外代表着发展趋势的高效低污染施药技术有：精确施药技术、低量喷雾技术、静电喷雾技术、直接混药喷雾技术、循环喷雾技术、对靶喷雾技术、防飘移喷雾技术、植株茎部施药技术等。俄罗斯研制的果园对靶喷雾机采用超声波测定树冠的位置，实现对果树树冠的喷雾，大幅度减少或基本消除了农药喷到非靶标植物上的可能性，节省农药达 50%，提高生产率 20%。

国内对静电喷雾、植株茎部施药、自动对靶喷雾、直接混药喷雾技术、高效低污染施药技术的基础理论进行了较深入的研究，结合生产实际开发了相应的机具。将红外探测技术、自动控制技术应用于喷雾机上，研制了新型的果园自动对靶喷雾机，较好地解决了现行果园中存在的浪费农药、污染环境等问题。进行了基于 DGPS 葡萄树定位和叶面图像处理技术的精确喷药空间分布质量的研究。

4. 灌溉机械智能化技术　美国瓦尔蒙特工业股份有限公司和 ARS 公司开发出一种可实现农田自动灌溉的红外湿度计，被安装在农田的灌溉系统上，可每 6 秒读取一次植物叶面湿度。当植物需水时，它会通过计算机发出灌溉指令，及时向农田中灌水。

国内用计算机与分布于农田内的传感器（如土壤水吸力传感器、管道压力变送器、液位变送器、流量传感器、空气温度传感器、空气湿度传感器、雨量传感器、太阳辐射传感器、气压传感器、近地面风速传感器等）相连，实现数据采集。根据采集信息进行计算、分析、决策，作出灌溉预报，确定精确的灌溉时间和最佳灌溉水量，利用决策结果对灌溉设备进行自动控制与监测。

5. 采收机器人 日本的 Kubota 公司研制成功了一种专门用于橘子收获的机器人机械手，该机械手上装有一台带频闪灯光的摄像机，摄像机在机械手的工作范围内找到水果后，机械手自动移向水果，并利用负压将水果吸向机械手，然后剪断橘梗，完成采摘。荷兰农业工程研究所研究开发出一种移动式黄瓜收获机器人样机，该机器人机械手只单个收获，收获成熟黄瓜过程中不伤害其他未成熟黄瓜。每台机器人每日工作18小时，作业速度为 10 秒/根，相当于 12 个工人 6 小时的工作量。

国内在番茄收获中，运用计算机双目视觉技术对红色番茄定位，根据颜色特征利用阈值自动设定的方法对图像进行分割，自动、快速识别红色番茄；采用形心匹配取代常规的特征点选择和匹配方法，对双目立体成像测距公式进行修正，经过验证，当工作距离小于 500 毫米时，距离误差可以控制在±10 毫米以内。针对导航视觉系统采集的农田非结构化自然环境彩色图像，探讨了适宜用于行走路径识别的彩色特征，并结合农田作业时农业机器人行走路径的特点，运用路径知识启发机器识别出行走路径。

6. 设施农业智能化技术 发达国家已形成温室成套装备，包括温室结构、环境控制设施设备研制和开发的较成熟技术，并在向高度自动化、智能化方向发展，将形成完全摆脱自然的全新技术体系。荷兰的温室能够常年稳定地生产蔬菜和花卉，黄瓜、番茄等作物的产量可以达到 $40\sim50$ 千克/米^2。

国内自 20 世纪 70 年代后期以来，以日光温室、塑料大棚为主体的设施农业取得了突飞猛进的发展。90 年代以来，对现代化温室的研究不断增加，内容涉及连栋温室的结构、环境控制技术和栽培技术等方面。但由于温室工程是一个集环境、机械、控制、栽培等学科于一体的综合性领域，受研究体制的限制，往往形成工程研究与栽培技术研究脱节的问题。

江苏大学研究了温室内的温度、光照、湿度、肥水、二氧化碳气体等环境因子动态变化规律，揭示不同作物与各受控环境因子相互作用的规律和作用机理，应用模糊控制、神经网络、遗传算法等技术，将作物模型、环境控制模型与经济模型有机结合起来，提出了温室环境的综合控制技术、动态仿真和决策支持系统，并开发出计算机控制软件。开发出的适合我国区域化气候特点的系列智能化连栋温室，与引进温室相比，制造成本和运行能耗匀降低 30％以上，综合效益高于进口温室。

在设施栽培营养元素亏缺计算机视觉识别研究方面，建立了缺素叶片的计算机视觉诊断系统，在缺素叶片图像的特征提取、特征的优化和识别等方面提出了新的方法。新方法对缺氮的识别可以比肉眼识别提前大约 6 天，对缺钾的识别可以提前大约 10 天。此项技术用于生产实际，可以大幅度降低生产损失。

7. 农产品检测技术 国外从 20 世纪 80 年代起就根据农产品的光学、声学、力学、电磁学和热学等物理特性，进行农产品品质无损检测技术的研究。近些年来，随着计算机视觉技术、电子嗅觉技术和光谱技术的快速发展，农产品品质快速、定量、无损、智能化检测技术的研究更是得到高度的重视。目前除了对其外部品质，如大小、形状、颜色、表面缺陷等进行检测外，还进行其内部品质的无损检测，且有些检测项目已经商品化，能达到实时速度。

相对于国外而言，国内在农产品品质自动检测方面的研究起步较晚，但近几年在政府的大力资助下，我国在这方面的研究也得到长足的发展。90年代初在国内已开始将计算机图像处理技术引入农产品质量检测中，此后相继开展了人工嗅觉、近红外光谱等技术的应用研究。开发采用新型传感器和单总线结构的大型储粮仓群全数字测温系统和粮食干燥模糊控制专家系统。

二、我国农业装备技术重点发展方向

未来一段时间，我国农业装备技术的重点发展方向是，围绕现代农业发展的战略需求，统筹发展节能环保、多功能、智能化和经济型装备技术，重点在先进制造与智能化技术、高性能拖拉机与多功能作业机具等农业装备制造核心关键技术及高端农业装备等取得突破。构建形成粮食作物、主要经济作物从种子、种植生长过程、保质采收、产后加工的生产装备智能技术及体系，增强原始创新能力，显著提高先进制造水平，促进先进技术的研究开发与应用，为提高农业生产效率，促进资源的高效利用提供技术装备支撑，全面支撑我国农机化和农机工业又好又快发展。

1. 突破农业先进装备制造技术，提升农机装备先进制造能力 突破基于知识工程的通用部件数字化快速设计方法；突破关键部件新型材料多元多相强化技术、复杂部件整体化无模快速精益制造技术及精确控制热处理技术等关键技术；突破关键零部件组配、焊接和物流等自动化生产线技术。

2. 突破高性能拖拉机与多功能作业机具技术，参与国际竞争 重点突破294千瓦级动力平台电液控制的无级变速传动系（CVT）、重载大传动比行星传动和基于CAN BUS总线的数字仪表技术等拖拉机技术及种肥集中输送分层施播、精确播种、变量施肥、宽幅折叠、液压仿形、脱附减阻和工作部件耐磨等大型、多功能配套农机具关键技术，实现与国际先进水平同步发展。突破轻便型、轻简化农机技术装备，为丘陵山地主要农作物、林果经济型作业提供技术装备支撑。

3. 突破高端农机装备智能化技术，提高农机装备产品技术档次和产品供给能力 通过提升控制技术，促进作业质量和农业装备对农业生产条件的适应性提升，重点突破大型拖拉机、联合收获机等高端农机装备的总线控制、定位变量、多源信息融合、行走导航和协同作业等技术，显著提高大田作物生产智能化水平，适应现代集约化农业发展要求。突破农田环境下作物苗草、茶、果实信息获取及机器人视觉伺服控制技术、复杂环境机器人运动规划与机械臂避障控制等农田机器人技术及农田超低空自动跟踪仿形无人机飞行精确控制、施药作业适应航迹规划等技术，促进农业装备新兴产业发展。

4. 突破大宗优势农产品成套智能分选与节能加工技术装备，为产后保质增值提供高技术支撑 突破小麦、玉米、水稻等大田种子、蔬菜种子的精细分选关键技术，满足我国高品质种子规模化生产技术要求；突破基于可见光、近红外光、激光技术应用的稻米、茶叶、瓜类等大宗农产品智能光电分选技术及装备，满足大宗农产品规模化分选加工生产要求。

第五节 "互联网+"农业产业

一、"互联网+"大田种植

目前，我国已经发展了多项大田种植类农业物联网应用模式，包括玉米、小麦、水稻、棉花、果树等作物种类，研发形成了一系列应用技术，包括农田信息快速获取技术、田间变量施肥技术、精准灌溉技术、精准管理远程诊断技术、作物生长监控与产量预测技术、智能装备技术等，形成的应用模式包括土壤墒情监测、智能灌溉、病虫害防控等单领域物联网系统，也包括涵盖育苗、种植、采收、仓储等全过程的物联网系统。应用这些物联网模式对气象、水肥、土壤、作物长势等信息自动监测、分析、预警，实现智能育秧、精量施肥、精准灌溉、精量喷药、精准防治病虫害等精准作业，从而有效降低成本，大幅提高收益。

针对我国小麦苗情监测自动化水平低、技术单一、信息获取滞后等问题，国家公益性行业（农业）科研专项"小麦苗情数字远程监控与诊断管理关键技术（编号：200903010）"在黄淮海、长江中下游、东北和西部4个小麦主产区，通过现代微电子、传感器、网络通信和遥感等关键技术的集成创新，开展小麦苗情远程监控与诊断管理关键技术的研究与系统示范应用（图2-17）。主要研究内容：①重点研究小麦苗情诊断管理过程主要指标参数采集终端设备、适合农业逆境条件下新型传感器和图像传感器、数据挖掘分析与栽培管理指标融合等技术和方法，实现这些关键技术的突破和优化集成，构建基于现场实时数据采集、远程传输和网络化数据管理为一体的小麦苗情远程监控与诊断管理系统平台；②构建具有较大覆盖面和代表性的监测网络，实现面向小麦主产区的各种数据信息的自动化采集和远程传输、形成基于Web的网络数据库，为数据共享和小麦苗情诊断提供基础数据；通过遥感多源监测数据的分析与作物栽培试验研究结合，确立小麦苗情评价与胁迫诊断的气象环境、生理生态等参数指标，为开展大面积小麦苗情监测预警和诊断管理提供科学依据和技术方法；③通过无线传感器网络和遥感技术、嵌入式技术和远程数据传输等技术集成，结合分布式网络数据库和数据挖掘等算法，最终开发出基于Web的实时在线远程诊断和决策管理系统，可在我国不同类型小麦产区进行测试、示范和推广应用，提升小麦生产科学管理水平和抗灾减灾能力，为我国到2020年再增产500亿千克粮食重大工程提供科技支撑。

安徽省建成大田作物"四情"监测调度系统，该系统利用现代信息技术准确掌握大田作物生育进程和"四情"动态，对大田作物苗情、墒情、病虫情、灾情及大田作物各生育阶段的长势长相进行动态监测和趋势分析，对大田作物生产、田间管理和抗灾救灾进行快捷高效的调度指挥，提高精细生产和田间管理的能力，及时发现生产中存在的问题，制订大田作物田管技术对策，提出田管意见或建议，更好地开展技术指导，促进农业增产增收。系统适用于水稻、小麦、玉米等大田农作物的"四情"监测调度。

浙江托普云农科技股份有限公司建立的大田种植监控系统以先进的传感器、物联网、云计算、大数据及互联网等信息技术为基础，通过对监测区域的土壤资源、水资源、气候信息及农情信息（苗情、墒情、虫情、灾情）等进行统一化监控与管理，构建以标准体

图 2-17　小麦苗情数字化远程监控物联网平台

系、评价体系、预警体系和科学指导体系为主的网络化、一体化监管平台（图 2-18）。该平台由环境信息采集系统、监测预警系统、无线传输系统、智能控制系统及软件平台构成。环境信息采集包括地面信息采集和地下信息采集。

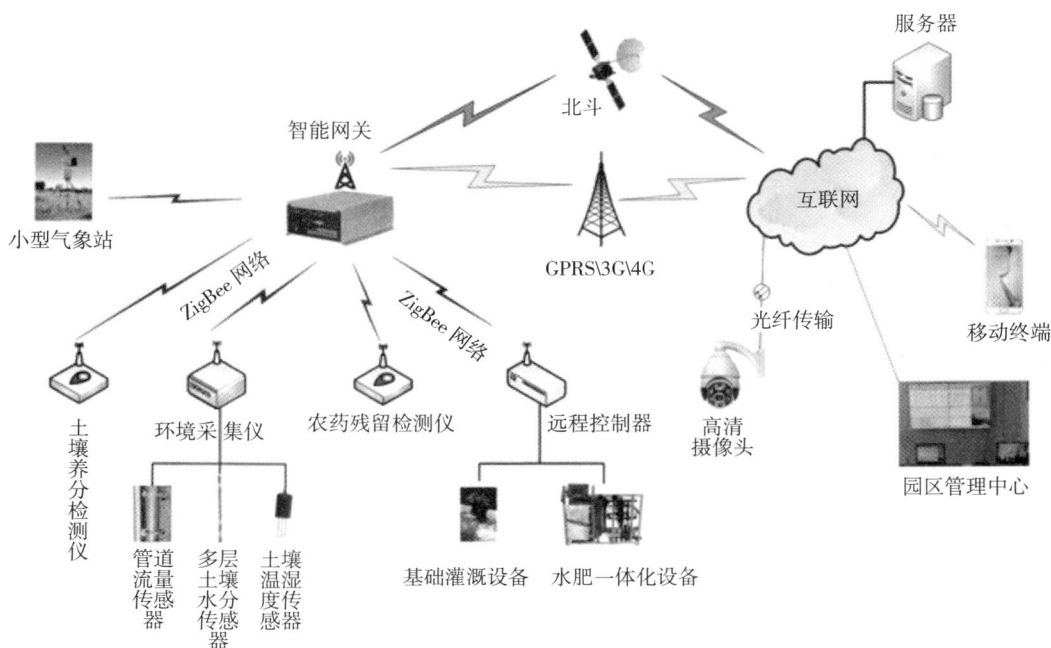

图 2-18　大田种植物联网系统结构

（1）地面信息采集。使用温湿度、光照、雨量、风速、风向、气压等传感器采集地面气象信息。若气象信息超出正常值，可及时采取措施，减轻自然灾害带来的损失。

（2）地下信息采集。使用土壤温度、水分、水位、养分含量（氮、磷、钾）、溶氧、pH 等信息监测，实现合理灌溉，杜绝水源浪费和大量灌溉导致的土壤养分流失。在智能控制方面，托普仪器创新地将物联网、云计算等信息技术与水肥一体化技术进行有机结合，真正实现土地可视化数据直接控制水肥一体化设备，实现精准农业。通过农业物联网监测系统对大田中的土壤墒情、土壤温度、肥料情况（pH、EC 等）、空气温湿度、光照度、降水量等环境参数进行实时监测采集，并通过无线传输系统将采集的数据发送到主控器上，主控器上传到控制中心，通过控制中心控制施肥罐、施水罐。

二、"互联网+"设施园艺

设施园艺物联网应用是将信息与智能化系统全面结合，具有综合环境控制、肥水灌溉决策与控制、紧急状态处理和信息处理等功能。通过对无线传感器管理，调控温度、湿度、光照，通风，二氧化碳补给等，实现对设施农业的供水、施肥和环境的自动化控制，实现农作物生长环境的最优控制和肥水按植物需求智能化管理分配，使栽培条件达到最适宜水平，提高产品的产量和质量。

山东费县八里槐瓜菜专业合作社成立于 2008 年 5 月 15 日，现有社员 2 185 户，面积 6 500 亩，以"一年三种三收"或"一年三种四收"为主要栽培模式，以西瓜、甜瓜、辣椒、豆角、番茄、黄瓜等瓜果蔬菜为主要栽培培种类，年产瓜菜 4.5 万吨，产品畅销北京、上海、天津、东北等地，并进入家乐福、苏果、中百等高端市场。合作社坚持生产标准化、营销品牌化、产品优质化、发展规模化，于 2012 年 3 月成为山东省农业厅首批签发的"省级示范社"。为了进一步提高生产的标准化、智能化，降低农民劳动强度，八里槐瓜菜专业合作社于 2015 年引入慧云智能农业监控系统（图 2-19）。实现了设施环境实时监测，异常智能预警功能。利用土壤温度传感器、土壤湿度传感器、空气温度传感器、空气湿度传感器等传感设备实时监测大棚的环境，并借助部署在关键监控点的高清摄像头，实时查看大棚作物的长势（图 2-20）。实时监测的环境情况数据每隔 10 秒就上传到"慧云智慧农业云平台"，工作人员只要登录手机 APP 或者在电脑上，就可以远程随时随地查看大棚的各项关键数据。工作人员可以在云平台中对相关传感设备进行预警设置，如当温度超过设定值时，传感器图标将会由绿色变为黄色，表示预警状态，并向管理员手机发送预警消息，提示相关人员。

节水灌溉系统在设施园艺中需求最高的应用，滴灌是其中最为节水的灌水方式，利用一系列口径不同的塑料管道，将水和溶于水中的肥料通过压力管道直接输送到作物根部，水、肥均按需由电脑控制定时、定量供给，从而避免浪费，备受农户青睐。智能水肥一体化控制系统简称智能水肥一体化系统，也称为水肥一体化智能监控系统，智能水肥一体化控制系统可以帮助生产者方便快捷地实现自动的水肥一体化管理。系统由系统云平台、墒情数据采集终端、视频监控、施肥机、过滤系统、阀门控制器、电磁阀、田间管路等。

整个系统可根据监测的土壤水分、作物种类的需肥规律，设置周期性水肥计划实施轮灌。施肥机会按照用户设定的配方、灌溉过程参数自动控制灌溉量、吸肥量、肥液浓度、

■ 连接正常 ▨ 传感预警 ▨ 设备断开 ▨ 正在运行

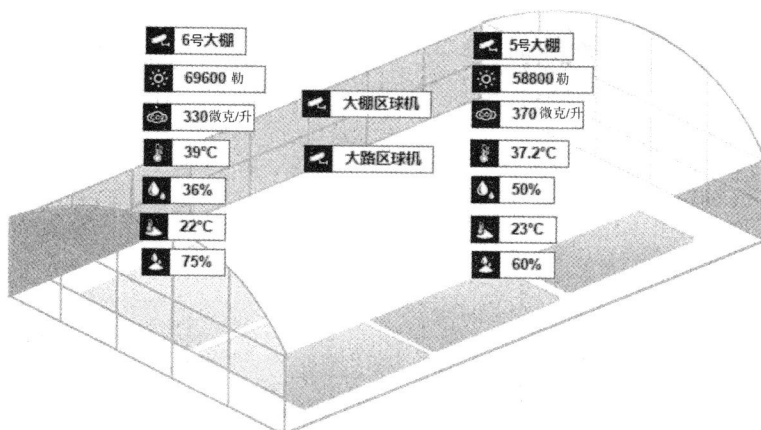

图 2-19 云平台实时数据概览

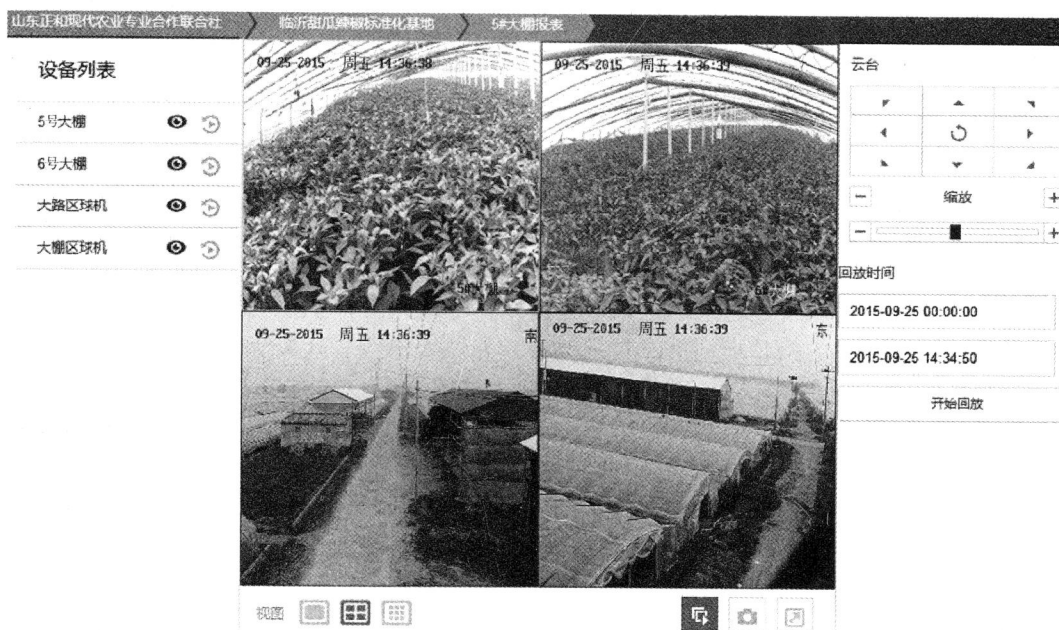

图 2-20 设施农业实时监控

酸碱度等水肥过程中的重要参数，实现对灌溉、施肥的定时、定量控制，充分提高水肥利用率，实现节水、节肥，改善土壤环境，提高作物品质。该系统广泛应用于大田、温室、果园等种植灌溉作业。系统架构如图 2-21 所示。

智能水肥一体化控制系统功能主要包括：

1. 用水量控制管理 实现两级用水计量，通过出口流量监测作为本区域内用水总量

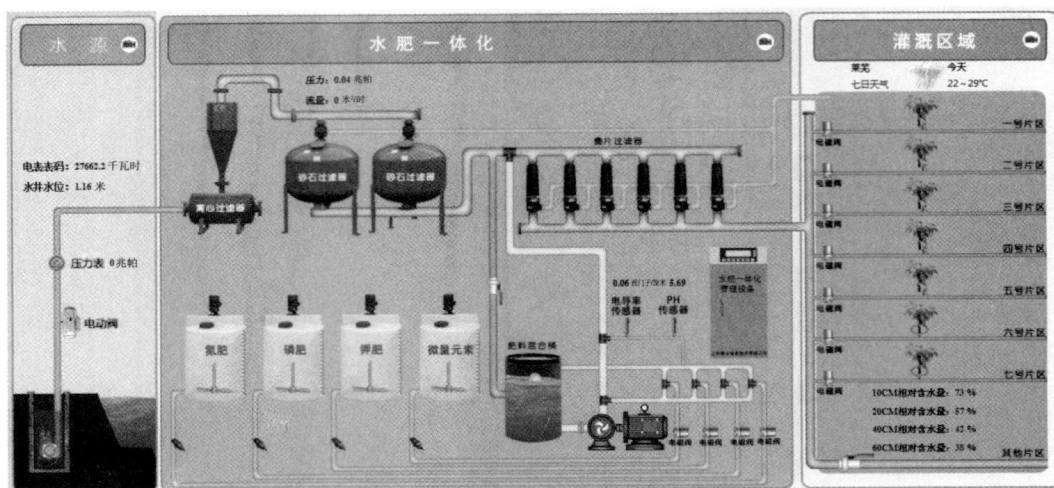

图 2-21　水肥一体化系统架构图

计量，通过每个支管压力传感采集数据，实时计算各支管的轮灌水量，与阀门自动控制功能结合，实现每一个阀门控制单元的用水量统计。同时，水泵引入流量控制，当超过用水总量时将通过远程控制，限制区域用水。

2. 运行状态实时监控　通过水位和视频监控能够实时监测滴灌系统水源状况，及时发布缺水预警；通过水泵电流和电压监测、出水口压力和流量监测、管网分干管流量和压力监测，能够及时发现滴灌系统爆管、漏水、低压运行等不合理灌溉事件，及时通知系统维护人员，保障滴灌系统平稳运行。

3. 阀门自动控制功能　通过对农田土壤墒情信息、气象信息和作物长势信息（叶温、叶面湿度、果实膨大、茎秆微变化传感器采集信息）的实时监测，综合智能判断是否需要灌溉，采用无线或有线技术，实现阀门的遥控启闭和定时轮灌启闭。根据采集的信息，结合当地作物的需水和灌溉轮灌情况制订自动开启水泵、阀门，实现无人值守自动灌溉，分片控制，预防人为失误操作。

此外，还有许多小型化、易用、轻便、多功效的设施耕作设备、自动调温调湿设备、育苗移栽机器人、水果收获机器人等设备也是设施园艺中备受好评的物联网应用。

三、"互联网+"畜禽养殖

1. 现状　作为肉类消费大国，我国猪和肉鸡的消费需求随着居民生活水平的提升稳步增长，推动了畜禽养殖行业的快速发展（图 2-22、图 2-23）。历史上由于养殖壁垒较低，在行业发展过程中涌现出了大量的散养户，散养模式也成了我国畜禽养殖的主要模式。以生猪养殖为例，2008 年，我国出栏生猪 500 头以上的养殖户的生猪出栏量占全国总出栏量的比例仅为 28.2％；到 2012 年，由于期间行业疫病的多发及价格的大幅波动导致承受能力低的散养户刚性淘汰，这一数字提升至 38.5％，但总体规模化水平仍然较低。

随着畜禽养殖量逐渐增大，养殖环境污染问题日益突出，与此同时，畜禽产品的同质化情况也比较严重，如何破解我国畜禽养殖业发展存在的瓶颈是当前亟须解决的问题。

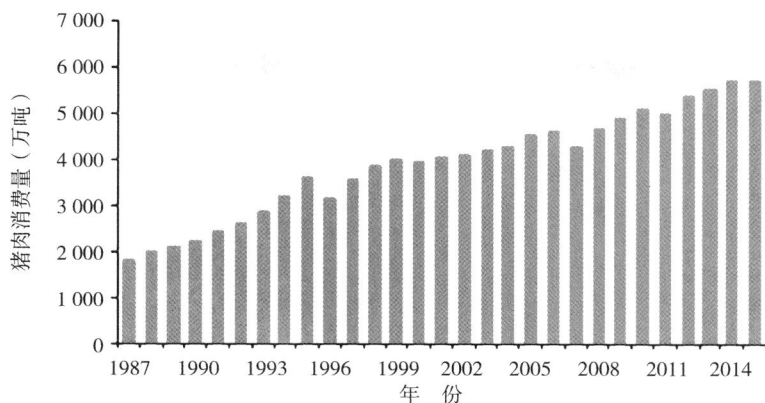

图 2-22 1987—2014 年我国猪肉消费量

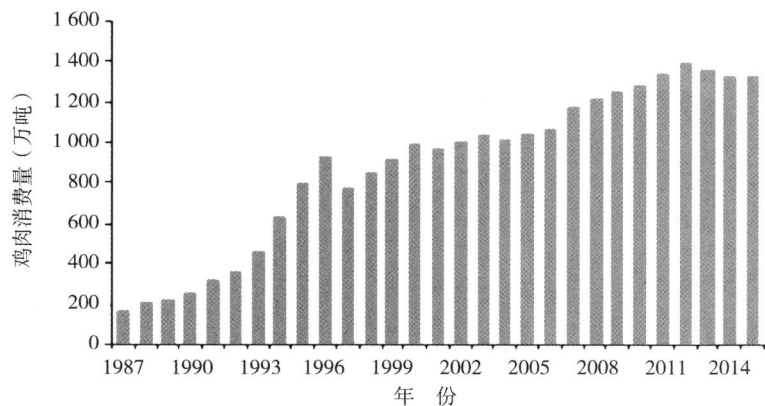

图 2-23 1987—2014 年我国鸡肉消费量

从 2009 年网易 CEO 丁磊宣布网易养猪，到 2016 年京东"跑步鸡"项目初期试点落地国家级贫困县河北省武邑县，再到现在畜牧行业拥抱互联网下的"互联网+"畜牧潮流，从互联网人试图涉足传统畜牧业，到畜牧业主动拥抱互联网，已经有七八年了。如今，丁家猪已经上了互联网大会的餐桌，致力于畜牧产业链、以公司＋农户著称的温氏也已上市，且市值不菲，甚至被部分人认为是炒作。如果说 8 年前网易只是对传统行业充满情怀的尝试，那么如今畜牧行业对于互联网的态度则事关转型与变革，甚至生与死。

在"互联网+"畜牧的这场变局中，有致力于转型的传统畜牧业，如饲料兽药企业、养殖企业和产业链下游的食品加工企业，有从畜牧门户网站转型的畜牧交易平台，也有京东、淘宝的农资电商。其中，互联网公司中淘宝和京东都是以农资的形式入场的，因此可见，时隔六七年，依旧没有多少互联网企业愿意去亲自养猪。

谈起"互联网+"畜牧，很多人都会想到畜牧电商或农牧电商，目前不少玩家也都是通过电商切入的。在畜牧平台中，主要有以下几种形式：

（1）京东、淘宝的农资频道。如今京东、淘宝的宣传已经占领了农村，除了农村消费品，两者也都看好农资板块。

（2）畜牧门户网站转型做畜牧平台。畜牧门户网站掌握着终端用户资源，因此有着天然的优势，因此很多目前都在做畜牧交易平台，以饲料、兽药为主，如猪e网、搜猪网、中国养猪网等都有了自己的商城。其中，猪e网有自己的饲料品牌，搜猪网有遍布全国的生猪报价基站。

（3）饲料企业或食品企业自建畜牧电商平台。如雨润和远方中汇联合建立的汇通农牧。

对于畜牧行业的企业，如饲料、兽药、器械等，如果不自建平台，都会选择以上的平台，如选择淘宝、猪e网商城等，或者同时选择多个平台。畜牧电商平台的逻辑是，通过去除中间的层层经销环节，压缩终端价格，取得价格优势，同时还可以解决之前存在的信息不对称问题。目前，畜牧电商主要涉及畜牧生产资料，没有生猪交易环节（可能有生猪交易信息，但不能线上交易），除了淘宝、京东少量的猪肉产品，也没有涉及猪肉消费品。

2. 当前互联网在国内畜牧业中的作为

（1）替代传统纸媒成为畜禽、饲料行情分析的重要信息源。当前，互联网信息由于更新速度快而成为价格信息传播的主流渠道，许多较成熟的网站如全球品牌畜牧网、猪价格网、514193兽药招商网、猪e网、中国畜牧业信息网等，都有大量的关于畜、禽、饲料价格信息的定期发布，为畜牧行业提供了很好的参考。畜牧行业几乎所有的价格信息都可以方便地在互联网上获取。可以这样说，互联网的发展有力促进了畜牧行业原料及产品的流通，使产地与消耗地价格差变得更趋于合理。

（2）互联网打破了畜牧行业交流的界限，成为大家解决问题的重要途径。通过网络，打破了行业界限，使得行业内的沟通更加畅通无阻，这更有利于大家真实地沟通问题，解决问题。当遇到问题的时候，互联网就成了解决问题的一个好帮手，在互联网上大家可以相互提供很多的参考意见。

（3）互联网增加了畜牧业链条上的透明度，使得整个链条上的从业人员都在提升自己的工作质量，以诚信为本。互联网使得东西不再是秘密，商业欺骗在减少，有助于净化整个行业竞争，加速诚信经营。从产品效果、到产品价格，网民之间很容易进行沟通和了解，这对生产企业和经销商来讲，都是一种新的挑战，面对新变化，只有诚信才是最好的选择。

（4）互联网正成为一种新媒体，对传统媒体冲击力很大。养殖户作为畜牧业的终端消费者，除了一部分新型养殖户能够上网，大部分落后地区的养殖户还没有上网的习惯，对这部分人来说，传统纸媒还有一定的优势。但是，传统纸广告对养殖户来说，作用几乎是微乎其微的，再好的广告宣传都不如周围亲戚朋友的一句话来得更加真实。然而互联网就不同了，产品效果到底如何？甚至产品价格，在网上都可以得到认证，这些信息让养殖户感觉更加真实可靠。加上互联网终将会在养殖户中得到普及，因此，对畜牧业的宣传推广来说，互联网将是一种新的高效选择。

（5）互联网成为企业无纸化办公的一个有力途径。现在很多企业拥有分公司或者办事处，业务员、技术员都在市场上，工作中问题如何高效解决？互联网解决了大家异地办公的不方便性，真正实现了办公无纸化、异地化。

3. "互联网+"畜牧趋势　行业的整个发展趋势决定了"互联网+"畜牧的未来，畜牧业的互联网化过程不能违背行业趋势，否则将沦为炮灰。由于国外价格的竞争，养殖将成为以规模取胜的微利时代，产业链的整合会进一步加剧，同时由于对于食品安全的考虑，整合整个产业链的可追溯猪肉品牌将陆续出现。由于养殖的规模有逐渐扩大的趋势，那么针对规模养殖的智能硬件和软件管理成成为必需品。因此我们可以看到以下可能的发展：

（1）目前以生产资料为主的畜牧电商，不会成为主流，但在各方的推动下，在接下来的1~2年会成为推动直销的重要力量。而这只是公司+农户等其他产业链整合的过渡阶段。在此之后，畜牧电商平台将成为信息及资讯平台。

（2）针对规模的智能设备和管理软件成为猪场节省人力成本的工具，但这并不足以催生众多创业机会，因为目前市场上已经有相关产品，只是未能大面积推广。

（3）虽然B2B形式的畜牧生产资料电商无法成为主流，但当产业链整合到消费市场后，B2C形式的猪肉消费品电商将大有可为，将会产生类似褚橙的效果。由于猪肉是大众消费品，其效果甚至好于褚橙，且品牌时效长。届时，还需要优秀的互联网推广宣传起到事半功倍的效果。

从体量上来讲，包括养殖、饲料、屠宰、食品等在内的畜牧业有了上万亿的市场规模，但基本上都是业内的事。对于互联网公司，如果不打算亲自养猪去整合产业链的话就只能去服务这一产业而不会产生什么颠覆。但是，善于利用互联网的畜牧企业将可能实现弯道超速，特别是在产业链进入消费品市场以后。

4. "互联网+"畜牧业的实践探索

（1）中国养猪网。对于畜牧业而言，互联网对畜牧的渗透表现之一为畜牧行业产业链线上服务商。无论是坚信互联网可以改变行业，还是被迫转型，抑或只是抱着试一试的态度，"互联网+"畜牧之路早已有了探索者。随着社会的发展和人们的生活水平逐年提高，对于猪肉的需求量越来越大，猪肉的价格也从低到高，有了很大的变化。而养猪业作为猪肉生产整个产业链中的一个环节，就显得越来越重要。江西绿环牧业有限公司整合行业资讯，推动中国养猪业的进一步发展，创建了中国养猪网。中国养猪网意在为中国养猪企业及养猪户提供一站式养猪应用型服务平台，作为全国比较有影响的养猪专业网站，以独special的视角、崭新的思路为从事这个行业的相关人员提供了大量的养猪资讯，从市场行情、供求信息、每日猪价到养猪技术、猪病防治、猪场建设等方方面面都有详细而专业的介绍。"互联网+"畜牧业路上的这一成功者，转变了传统养猪行业的生产、交易和宣传模式，推动着传统养猪行业更快更好地发展。另外，中国养猪网旗下还拥有为生猪产业链服务的手机版中国养猪网、"猪易购"电商平台、"养猪网"微信公众号和"养猪宝"手机APP等多款相关产品，在"互联网+"养猪这条路上打出了自己的品牌，走出了自己的特色。

（2）新融农牧整合行业资源，打造资源型平台。近年来，以互联网为核心整合产业链上各环节的"产业互联网"是大势所趋。"互联网+"生猪产业已经处在了时代的风口浪尖，引领着生猪产业未来的发展方向。在此背景下，国内一些生猪养殖巨头也开始积极触网，利用互联网思维，打造资源型平台，从而助推行业进步。中国猪业壹佰会创始人陈五常分析，养殖业急需具有平台开放、产品极致、服务专业、舍得精神的"平台型经济体"的出现，而新融农牧就是应运而生的一个生猪养殖行业健康可持续发展的平台。

公开资料显示,雏鹰农牧集团打造的新融农牧平台,以养猪企业为核心,面向养猪产业链中各经营主体,整合上游生产资料供应商、下游贸易商、屠宰场及金融机构等资源,为猪场提供金融产品服务、生产资料交易、生产技术指导和管理咨询等全方位服务;雨润集团成立的汇通农牧,为农牧养殖领域客户提供在线购物、养殖资讯、养殖咨询、养殖诊疗、养殖金融等服务。雏鹰农牧集团有着近30年的养殖经验,目前,已发展成为以生猪养猪为核心,上到粮食贸易、下到终端销售的全产业链规模型企业。新融农牧平台基于此有着得天独厚的优势,凭借集团公司在全产业链中拥有丰富的行业经验和良好的客户资源,有效打通上下游相关业务板块,可更好地推进整个生猪养殖产业的健康发展。

新融农牧的定位是"互联网+"养猪的资源型服务平台,与其他同类平台相比,新融农牧更加专注于将生猪养殖产业链中的金融服务、交易服务、数据服务集于一体,以提供更优质的服务。新融农牧拥有电商交易平台、猪博士生产管理系统、大数据平台和生猪养殖全产业链专家平台等九大资源平台,其中,电商交易平台提供动保交易、饲料交易、设备交易、金融服务、生猪交易等交易活动;猪博士生产管理系统实现种猪管理、猪群管理、物料管理、成本管理;大数据平台提供基于大数据的行情研究和趋势预警;生猪养殖全产业链专家平台聚合了强大的技术专家团队,为生猪企业提供技术服务。

四、"互联网+"水产养殖

1. "互联网+"水产养殖背景 我国的水产养殖历史源远流长,也是目前世界水产品产销量第一的国家。得天独厚的环境优势,使得我国水产养殖在产量、技术和养殖模式等方面不断成熟。随着移动互联网的发展,社会经济不断进步,国人对健康、安全的食品要求越来越高,营养需求也在不断提升,水产品在餐桌上的重要性也日益凸显。随着移动互联网的发展,水产养殖业也面临着新的机遇和挑战。

(1) 就当前传统的水产企业而言,通过运用移动互联网,把养殖、资本、流通渠道等产业链模式,放到互联网平台上,企业借助客户端平台,聚集用户,结合互联网金融,线上交流等方式,达到共享信息,开展服务,解决了用户的一部分刚需问题。既能快速树立品牌形象,又可以扩大市场份额。

(2) 传统的水产品流通从终端养殖到消费者餐桌,信息不对称性,使得消费者无法对产品进行可追溯,无疑加大了消费者对养殖产品安全性的顾虑。而由于传统水产养殖受自然气候影响比较大,产品的产销制约较多,而移动互联网具有强大的及时性和便捷性。比如,想了解未来5天的天气,不用每天晚上7点半,守着电视,而是用移动终端随时、随地查看,养殖户很大程度可以提前进行风险判断。通过专业的水产APP终端,养殖朋友们可以进行水质监控、养殖周期记录和病害处理等。并通过线上与专业人士的互动交流,再到线下交易和产品营销活动等形式,很多养殖用户不仅可以学习养殖知识,还能获得养殖生产力的提升。

(3) 行业饱和推动企业转型升级。尽管我国已经成为世界最大的水产品生产国,渔业经济也一直保持着较快的发展,但是近年来水产饲料行业的发展却并不乐观。行业日益呈现产能过剩、效率低下的状况,水产品市场价格低迷且持续波动,养殖环境恶化导致病害损失连年走高,养殖成本逐年增高,养殖户连年亏损,小型饲料企业纷纷倒闭。

2. "互联网+"水产养殖案例　通威集团以农业、新能源为双主业,是农业产业化国家重点龙头企业。通威集团旗下上市公司通威股份是全球最大的水产饲料生产企业及三要的畜禽饲料生产企业,年饲料生产能力超过 1 000 万吨,是我国农、林、牧、渔板块销售规模最大的农业上市公司之一,水产饲料全国市场占有率已超过 20%。

多年来,通威集团一直高度关注移动互联、大数据、云计算、物联网等新技术的发展与应用,并积极尝试通过新技术实现在管理模式和商业模式上的创新。"互联网+"为水产养殖行业的转型提供了新的机遇,通威把握时机推动企业内部信息化向外部互联网化转型。2015 年 3 月 20 日,通威集团正式发布"互联网+"水产战略行动计划,提出包括连接用户、智能养殖、互联网金融、食品安全追溯、电子商务在内的五大战略,旨在打通水产养殖产业链信息,形成产业链闭环,引领行业革命。通威的"互联网+"战略构想旨在通过集中管控、数据共享、协同流程及洞察资金费用等实现管理模式的创新。通过搭建电子商务平台,拓展互联网金融业务,共同打造通威营销体系创新。通过建立通心粉社区、企业微信号及大数据、物联网实现的智能养殖和食品追溯,实现通威服务模式的创新。

(1)用户连接:通心粉社区。"互联网+"的核心在于连接,通威集团的"互联网+"战略意在打造 3 个连接:连接人、连接信息、连接物。以连接用户为首要目标的通心粉社区在通威的"互联网+"水产行动发布当日上线,社区上线百天粉丝突破 20 万人,如今,社区粉丝数量已突破 86 万,总流量突破 1 亿大关,活跃用户数量达到 15 万人。通心粉社区已然成为了中国农牧行业最大、发展最快的网络社交平台。

①汇聚上下游合作伙伴。通心粉社区即全球通威粉丝的网上家园,它以"手指点一点,养鱼我全管"为核心定位,以"让养鱼更简单、让致富更容易、让食品更安全、让生活更美好"为平台目标,采用社群运营的模式搭建用户连接,将通威的养殖户、经销商、供应商、潜在客户和员工汇聚到平台(图 2-24)。

通威利用移动互联网的手段,将原本在线下的水产养殖服务转移到线上。从采购、饲喂、防疫、疫病治疗,到生产、物流、销售、财务与日常管理,通心粉社区为用户提供一体化的水产智能信息管理平台及包括鱼塘生产管理系统、财务系统等在内的信息化解决方案。

图 2-24　汇聚上下游合作伙伴

上下游合作伙伴可以在线全程参与通威的鱼苗、虾苗、水产饲料、鱼药、设施设备及产品研发等活动,并获取更精准的行情咨询、技术答疑等服务。通过互联网渠道实现与用户间更紧密的联系,并转变服务观念与形式,通心粉社区大幅提升了用户对通威产品及服务的体验感和参与感,与用户建立起长期的信任关系。通心粉社区在养殖知识传播、鱼病防治及新技术推广方面做了大量工作。全方位的水产养殖指导和实时的行情呈现,对于用户水产养殖效率的提升具有显著的作用。通心粉社区不但增加了原有通威用户的客户黏性,更吸引了许多年轻的养殖户成为通威的粉丝。养殖户数量的增加带动对通威水产饲料需求的增加,形成对公司业绩的直接贡献。

②打造通威应用入口。通心粉社区作为通威集团产品的重要入口，目前已经上线了鱼苗通、鱼价通、鱼病通、客户通等多个应用，重点向养殖户提供养殖知识、鱼病防治、在线诊断服务和鱼价行情信息查询。这些应用帮助通威集团采集了大量的用户数据，形成自身的水产养殖大数据，通过对大数据的统计分析，未来将有望形成新的商业模式。

鱼苗通通过收集养殖户的鱼苗投放情况信息，进行周边养殖户今年鱼苗的品种和数量的分析，提供科学的养殖决策，避免养殖户因为养殖品种的供过于求而受到损失。同时，平台集合了优质的鱼苗商家，能够为养殖户提供附近的商家信息，方便养殖户与鱼苗商检进行交易（图2-25）。

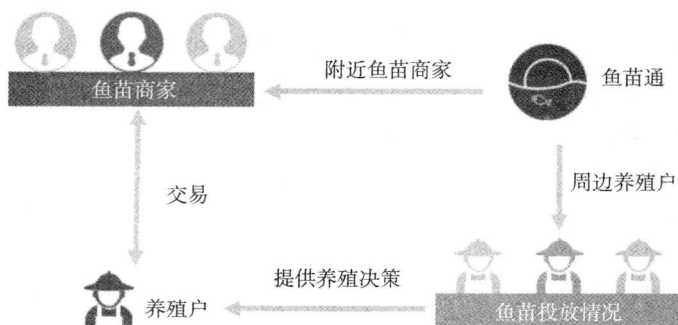

图2-25　鱼苗通指导鱼苗投放

市场人员、经销商和养殖户上报鱼价信息，通过后台数据分析，鱼价通将鱼价的实时行情及附近鱼价信息提供给通威的客户（图2-26）。鱼价通为已认证身份的客户提供个人信息（包括姓名、地址、电话号码等），养殖户可以直接与报价人进行电话联系，第一时间抓住行情卖鱼。

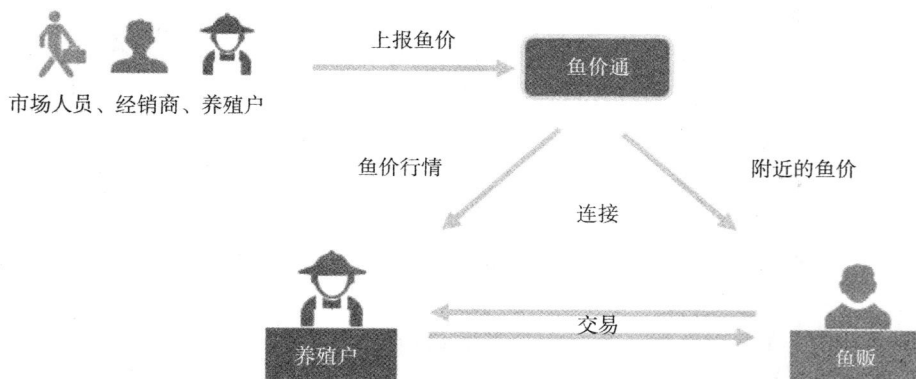

图2-26　鱼价通指导交易

通心粉社区建立鱼病信息库，并对水产鱼病的知识加以归纳整理，使其系统化、工具化，为全国广大养殖户提供鱼病识别和防治技术指导。

鱼病通平台汇聚了通威内部的鱼病治理专家和社会上对鱼病、养鱼有丰富经验的人，利用LBS定位技术实现养殖户与鱼病专家的有效对接，优先为养殖户推荐附近评价较好的专家。为了监督和鼓励鱼病专家们的工作，在鱼病诊断和治理结束后，养殖户对鱼病专家的服务进行打分，得分高的专家能够吸引更多的养殖户（图2-27）。

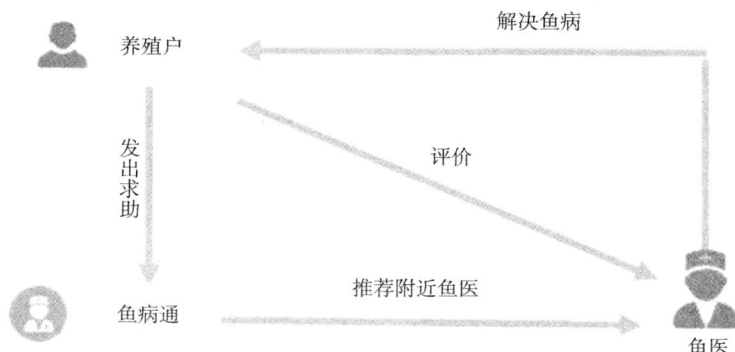

图2-27　鱼病通指导鱼病识别与防治

　　客户通为通威的客户打造了一个客户关系管理系统，方便他们梳理上下游客户之间的关系，实现了对供应商、分销商、终端客户三者间的有机整合（图2-28）。通过对这些资料的进一步研究分析，通威能够准确地掌握某个经销商的进货与销售情况、某个养殖户的鱼种选择等细节。在向供应商购买大宗原材料时，通威能够尽可能地保证价格的合理性，节省原材料采购费用多达百万元。

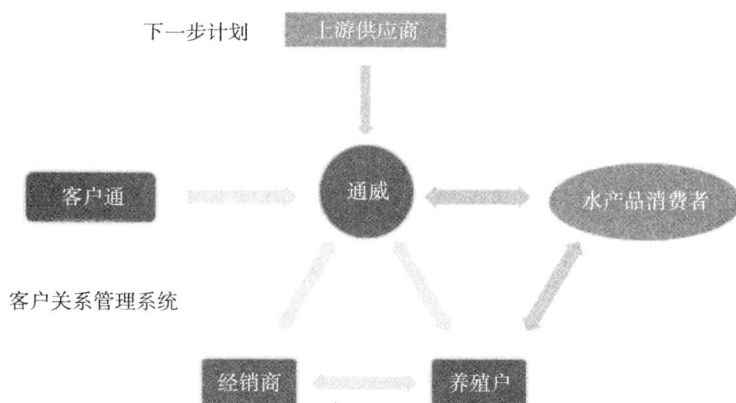

图2-28　客户通

　　经过一年半的发展，通心粉社区汇集了一批关注科学养殖、智能化养殖和现代化养殖的水产人，其致力于打造的养殖户、经销商、行业专家与企业的行业生态链已逐渐成形。

　　未来，通威还将继续完善社区平台，围绕用户体验、精准服务和移动社交，利用大数据技术及图文、语音和视频手段，强化养殖户与养殖户之间、养殖户与专家之间、养殖户与供应厂商之间、养殖户与水产品交易市场之间等多位一体的社群圈层交流体系，最大化减少用户连接成本，提高信息沟通效率，确保广大养殖户的根本利益。

　　（2）智能养殖：通威智能水产养殖系统。智能养殖计划旨在全面推行智能化养殖模式，建立智能养殖基地与示范用户试点，利用手机远程监控与操作养殖场各种设备，实现水产养殖的智能化。智能养殖系统主要包含通威"365养殖模式"和"渔光一体"水产养殖新模式。"365养殖模式"是指科学选择和放养主养鱼、调水鱼和调底鱼，合理应用通威精准组合投喂、均衡增氧、藻菌调控、防疫体系、"一"技术和底排污6大关键技术，全面提高养殖产量及鱼类品质，实现综合经济效益提高50%以上。

通威的"渔光一体"养殖模式是结合了通威在光伏产业的独特优势，在"365养殖模式"提出的进一步创新。"渔光一体"模式通过对养殖空间的综合利用，在池塘养殖水面上架设太阳能电池板，实现"水上产出清洁能源、水下生产安全通威鱼"，达到光伏发电与渔业养殖的一体化有机结合（图2-29）。

图2-29　"渔光一体"养殖模式

①物联网技术：智能监控。智能养殖系统通过在线探头设备，对养殖水质的溶解氧DO值、pH、水温等常规水质指标进行连续自动监测，根据水质监测结果，进行实时调整控制设备或预警养殖户。在对采集的数据进行分析后，养殖系统会指导养殖户进行科学的增氧和喂食，并结合自动化设备，实现精准化投喂与智能控制。

与传统养殖模式相比，通威的智能养殖系统降低了对人工和外部环境的依赖，能够有效解决水产养殖业效率低下、环境恶化、病害频发等难题，是一种高效率、高产值的养殖模式。

②移动互联网技术：远程管理。通威开发了智能水产养殖APP，养殖户通过移动设备与控制柜（智能养殖设备）进行连接，即可通过移动设备查看实时数据，甚至是在线视频监控，并根据监测情况发出控制指令，对鱼塘实施远程控制。随着智能渔业技术的逐渐成熟，鱼塘将不再需要有人守塘巡塘、扛包扛料，也不需要养殖户自己喷药撒药，所有的操作都可以通过一部手机远程完成。

③大数据和云技术：可追溯安全体系与科学决策。基于编码标志、生产主体身份识别等技术，智能养殖系统利用大数据量的远程数据传输和云存储技术，形成水产品养殖、检疫、加工、储存、运输、销售全过程可追溯信息系统，建立水产食品的安全体系。

同时，通威依据养殖生产过程中的环境数据、生理指标、生长指标，建立鱼类生长指标与主要环境因子之间的回归关系方程,应用云计算和智能判别技术对不确定性因素进行预测和判别,为水产养殖过程提供科学、标准的养殖技术。

3. 搭建了高效便捷的信息平台 为了将众多智能设施真正实现线上流程化运作,通威从客户角度出发,以微信企业号作为企业应用入口之一,将智能设备、养殖设备、太阳能设备及各种互联网应用和通威搭建的各种基础服务平台连接在一起,一方面强化了用户关系,另一方面,将这些设备的操作集成于微信号平台,用户可以直接通过智能设备进入,简化了传统往来的手续,信息化手段降低了管理成本,同时微信的传播效应进一步推广了通威业务,为连接通威与各主体之间全方位的沟通合作搭建了高效便捷的信息平台。

(1)互联网金融:水产养殖互联网金融体系。2007年左右的水产养殖市场开始从散养模式向适度规模化养殖转型,但是由于单个养殖规模相对较小,不少养殖户没有足够的资金向经销商购买生产资料,赊购成为一种常态。然而赊销需要付出高额的利息成本,更加剧了养殖户的资金负担。在这样的背景下,通威集团成立融资担保公司,与各大银行开展战略合作,将水产养殖中的赊欠转为担保,帮助经销商和养殖户解决融资问题。

随着互联网金融的异军突起,通威集团在农业担保领域持续发力的同时,结合"通心粉社区"的养殖户大数据,尤其是鱼塘财务数据,建立针对行业客户的互联网金融服务体系,适时推出企业金融工具,为养殖户、经销商提供预存款、担保、理财、融资、支付等系列金融服务,解决农民贷款难、贷款利息贵的问题。

在通威"互联网+"战略下,农业担保公司借助第三方互联网金融平台,一方面补充了现有的银行担保融资渠道,另一方面,有效突破了传统金融机构地域限制严、客户准入条件高、贷款成本高的融资瓶颈,解决了广大养殖户、经销商融资难、放款慢的难题,更降低了农业担保公司的风险,与第三方平台互利共赢。

未来,通威集团还将推出"通威钱包",结合第三方支付(微信支付、支付宝和银联等),实现通威的资金聚合;继续与第三方金融机构进行合作,拓宽金融服务范围,为通威的用户提供养殖报销、金融理财等服务。

(2)食品安全追溯:通威鱼认养。基于完整的水产品产业链条,通威集团构建了水产品统一溯源平台,对产品进行标志和全程的质量控制。在其首创的通威鱼全程可追溯管理系统中,超市中售卖的每一条通威鱼身上都有一个专属的电子标签,消费者通过这个标签可以追溯查询到所购买的每一条鱼从鱼种、繁殖、饲料、水质、产地,到配送、消费等各个环节的信息。"2015通威科技大会暨农牧行业高峰论坛"上,通威集团在既有可追溯系统的基础上,首次提出在互联网平台进行"通威鱼认养"的新模式。消费者可以通过微信服务号和手机APP进行通威鱼的网上认养,全程参与到通威鱼的养殖过程中,养出专属的安全健康鱼。在认养期间,鱼塘每天的水质情况、鱼儿的饲喂情况和生长情况等信息,都能由微信和APP实时反馈给消费者。从投苗开始,消费者认养的通威鱼由专业的养殖人员进行看护,当鱼儿到了收获的季节,消费者可以网上预约送鱼,甚至到现场参与捕捞。

在互联网思维下,通威水产从传统的上游养殖环节向消费者终端延伸。通过让消费者参与到整个养殖过程中,"通威鱼认养"不仅让消费者感受到养育的乐趣,更拉近了与终端消费者的距离。

（3）电子商务：全农惠生鲜电商平台。通威股份于 2015 年在通心粉社区内开通了通心粉商城，补充和丰富社区活动。通心粉商城由 365 渔业商城和生活品商城两个板块组成。365 渔业商城为满足广大养殖户的生产需求，主要销售与水产养殖有关的机器设备，以增加他们对社区的体验感，提高粉丝转化率。生活品商城则提供与生活息息相关的商品，包括创意家居、工艺礼品、服饰配件、数码家电、休闲食品和美酒佳酿等。商城内所有产品采用基地直供模式，既能保证产品的质量，又能让消费者在相同品质的情况下享受到更优惠的价格。全农惠生鲜电商的首家线下实体店于 2013 年 11 月在成都开业，线下实体店价格基本与网上价格持平，消费者在线下也能享受到物美价廉的产品。

通威集团率先启动"互联网+"战略，以物联网、大数据、云计算等技术推动传统渔业向现代化的智慧渔业转型。智慧渔业的核心在于打通信息和数据的壁垒。通威智能养殖系统包含池塘水质改良关键技术、投饵网箱鱼体排泄物回收技术、通威生态电化水处理技术、"渔光一体"等核心技术，以发挥全面感知、可靠传输、先进处理和智能控制等技术优势，实现科学和智能的现代水产养殖。智能化的养殖模式通过科学的养殖方式精益生产，改善和控制水质条件，既能够提高养殖效率，又可以保证鱼类健康成长。

未来 5 年，大数据、物联网等创新技术的发展将帮助传统产业更好地向智能化转型。通威集团的"互联网+"战略不仅仅是实现了企业自身的转型升级，推动我国水产养殖由量到质的升级，对传统行业与互联网的融合同样具有借鉴意义。

第六节 "互联网+"农村管理

农村管理信息化是运用互联网思维，以现代计算机技术和网络技术为手段，以农村财务管理为切入点，以农村经营管理为核心，实现农村管理工作的自动化处理。农村管理信息化是农村信息化的重要组成部分，农村管理信息化可以从根本上改变农村传统的管理方式。

一、"互联网+"农村管理的重要意义

随着改革开放的深化和城市化进程的加快，中国农村经济社会取得了重要发展，对管理工作的要求越来越高。一是农村经济总量和集体资产总量迅速增长，管理的任务越来越重；二是改革开放打破了单一的所有制模式，经济成分多元化，经营方式多样化，搞好农村管理的难度明显加大；三是在大力推进城市化进程中，农村人口构成发生很大变化，土地权属关系变更活跃，使农村基层组织面临的资产管理和社会管理工作越来越复杂。所有这些，都需要管理观念和管理手段的更新。一些地方集体资产流失，经济发展活力不足，农民增收迟缓，干群关系紧张，虽然原因是多方面的，但其中重要一点就是管理方式和管理手段滞后，已经在一定程度上难以适应生产力发展的要求和广大农民的需要。因此，利用互联网思维，改造传统的农村管理方式、方法，实现农村管理的质的改变和提高，是适应农村经济和社会发展的需要。农村管理信息化对于全面提高农业农村现代化水平，实现领导科学决策，促进农村经济可持续发展，保护广大农民的根本利益，维护农村社会和谐稳定，具有十分重要的意义。

第一，有利于及时准确掌握农村社会经济的第一手信息资料，提高各级领导和基层管理者的科学决策水平。在传统的农村管理手段下，农村管理工作常常出现信息不灵、情况不明、反馈迟钝、效率低下的问题。实行信息化管理后，电脑可以及时存储和处理大量的信息，可以为基层干部及时提供各项工作动态。还可以借助网络，把村务有关信息直接传送给上级主管部门和其他有关单位，市、区县、乡镇领导可以及时、快捷地掌握农村工作运行情况，从而能够有效提高各级管理者的应变能力，为领导好农村工作提供重要的决策基础。

第二，有利于农村基层管理的规范化，促进农村民主化进程。按照规范化的要求，将农村基层各项管理工作固定化和程序化，排除了人为因素的干扰，可以减少甚至杜绝农村村务、财务等管理中存在的漏洞，使农村管理科学规范。

第三，有利于提高农村管理人员，建设一支较高水平的农村经济管理和经营队伍。实行农村信息化管理后，对于农村干部和其他管理人员，既要学会信息知识，又要掌握相应的现代管理知识，必然会增强干部学习的积极性，对提高干部素质是一个有力的促进。同时需要选拔一批懂政策、会管理、掌握先进工作技能的年轻化、专业化的人员进入农村管理干部队伍，将会大大改善农村干部队伍的结构。

第四，有利于加快农村城市化进程，缩小城乡管理能力的差别，促进城乡一体化，实现城乡经济统筹发展。应用现代信息技术，从硬件建设到软件管理，大大提高了农村小城镇的环境条件，提升了技术含量。先进的电话、电视、互联网络，缩小了城乡的区位差异现代的信息处理技术，缩小了城乡在管理模式上的差异。

二、"互联网+"农村管理案例分析

1. 东莞农村产权管理进入"互联网+"时代 广东省东莞市大力推进农村产权管理制度改革，2014年全面完成农村集体资产交易平台建设，建成镇级交易中心32个、村级交易点372个，累计为集体增加直接收益24亿元。在此基础上，东莞又在全省率先探索建设集体资产网上交易平台，推行网上竞价拍卖，全市农村产权管理正式进入"互联网+"时代。

主要效果：

（1）完善的信息化机制增强了资产的活跃度。通过完善信息化的渠道与机制，使集体资产公开交易的平台从局限在东莞当地的"有界"交易跃升至向全国各地开放的"无界"交易，有效增强了农村产权的活跃度。

（2）充分的市场化机制推动了资产保值增值。通过搭建网上交易平台，建立多途径的信息发布渠道，为集体经济组织和企业、商户提供了更宽广、更及时、更便捷的双向选择机会，为东莞千亿规模的农村集体资产提供了一个更加广阔和高效的资源配置市场，发挥了市场机制作用，促进了资产的保值增值。首批交易项目的标的资产均顺利完成竞投，溢价率达9.9%，其中一个项目经39次出价，溢价率达到66.2%。

（3）健全的阳光化机制促进了社会和谐稳定。群众可以用电脑、手机等查看、监督网上交易全过程，有效地保障地农村集体股东的知情权、参与权、监督权，促使集体资产交易更加廉洁高效，做到了干部清白、群众明白，有效促进了农村和谐稳定。

2. "互联网+"彭阳农村供水管理实践 彭阳县位于宁夏回族自治区东南部，六盘山东麓，全县总土地面积 2 528.65 千米²，总人口 25.64 万人，其中回族人口 8.1 万人。境内海拔在 1 248~2 418 米，属黄土高原丘陵沟壑区。多年平均年降水量 350~550 毫米，干旱少雨，水资源短缺。全县先后建成农村集中饮水工程 46 处，解决了 12 个乡镇 20.3 万人饮水困难问题，自来水入户率 67%。2014 年建成了宁夏中南部城乡饮水安全工程彭阳北部安家川片区连通工程，开工建设了茹河、红河片区连通工程。但由于工程分布范围广、管线长、管理人员少，设备运行全部靠人工操作，管理手段落后，造成农村饮水工程供水保证率低、管网漏失率高、出现故障不能及时发现等问题，工程运行费用高，群众意见大。为提高工程管理水平，彭阳县运用互联网技术及无线物联网技术，对农村饮水安全工程的设备及管网配套了信息采集系统和监控系统，通过计算机、手机网络对全县农村供水工程的泵站、蓄水池进行远程监测和水泵开停机自动控制，出现异常情况自动报警。该县未来计划开展联户水表井数据采集和供水管网的数据采集，实现全县用水户的远程用水计量与收费。最终实现全县农村饮水安全工程自动化控制全覆盖，并建立集供水管理、服务、收费、水利政策咨询为一体的水利管理信息化平台。

主要成效：农村饮水安全工程运用互联网技术进行管理后，能够实现对供水管网80%的跑冒滴漏水量进行有效控制，减少了雇用管理人员；管道供水保证率提高了30%~40%，主干工程供水保证率达到了95%。以彭阳县中部农村饮水安全工程为例，该工程共 6 级泵站，供水管线总长 295 千米，实施自动化改造后，管理人员由 12 人减少到 6 人，供水保证率由 40% 提高到 75%，供水成本由改造前 7.5 元/米³ 降低到 5.5 元/米³，年工资性支出由 30 万元降低到 15 万元。通过自动化系统的断电自动处理、管道漏水预警等自动提醒功能，第一时间为中部供水工程提供事故处理预警 50 余次，保障了工程安全运行。同时，自动化管理系统搭建了水利工程管理的信息平台，加快了水利信息化建设步伐。

三、"互联网+"农村管理创新模式

互联网时代的中国农村是一个复杂多变、形态多元的网络社会，传统的农村公共管理秩序已被打破。探索"互联网+"农村社会治理创新模式，强化信息化在农村社会治理中的作用，完善农村信息化建设的制度保障机制，构建智慧乡村社会治理创新云平台，集成电子政务、社会治理、公共服务于一体，建立健全网格化管理体系，实现社会治理信息高速流转、互联互通、多方共享。

1. 网格化组织模式 以"创新社会治理、深化平安建设、加强民生服务"为主旨思路，深入拓展农村社区网格化组织模式，实现精细化管理模式。通过组织网格化夯实农村信息化的基层基础；实施规范化社区（村落）自治组织，加强网格管理在底层开展服务；组建社区（村落）信息化综合服务站，实现供销企业直达农户的农资农产品直销。纵向搭建地区（市）、县、乡镇、社区（村落）等网格多级工作平台；横向整合政法、综治、维稳、公安、信访、民政、人社等多部门的社会治理服务资源；以"网格化社会治理平台"为基础，以"综合治理工作平台""社区公共服务平台"等为拓展的资源共享、工作联动、问题联治、服务联抓、平安联创的综合性信息平台。

2. "智慧化"运营模式 "智慧乡村"的特征是信息化、现代化和智能化,以信息化和一体化管理为基础,通过物联网、云计算等先进的信息技术,对乡村进行全方位、立体化的感知,对相关信息进行智能化的收集、处理,将信息化渗透到乡村社会活动的各个环节,最终实现管理的"智慧化"。推进地区(市)、县、乡镇、社区(村落)多级联网建设,打造全地区覆盖、联通共享、功能齐全的农村信息支撑体系;从基层政府信息化"条块分割、资源单打"着手进行应用整合,搭建全地区覆盖的"农村信息化综合服务平台";完善农村信息化服务阵地和终端硬件建设,形成全地区覆盖的"网有服务站、格有服务员、户有对接点"信息化服务管理格局。

3. 依托于大数据的"云治理"模式 "云治理"作为社会治理新模式,是以超越社会传统治理的逻辑形式,实现"社会治理主体"的社会化,通过互联网的技术平台,实现更为高效地分享公共信息、公共服务的社会职能,可促进解决社会资源闲置和无效的社会难题。利用大数据提高对经济运行和多项重要指标的监测、预测、调节和管理水平,实施经济运行调节方面的管理;利用大数据帮助政府进行科学决策,有效改进应急管理能力,实现快速响应和提前预警,开展统一指挥、快速反应、高效决策的社会治理;通过大数据建立农产品的追溯系统,将食品安全隐患消灭于源头;利用大数据监管服务平台,预防处理消费纠纷,及时处理消费者投诉;利用大数据建立立体治理框架,为生态监测提供相应科学依据。

第三章
CHAPTER 3

"互联网+"现代农业信息平台建设

《山东省"互联网+"行动计划（2016—2018年）》中明确指出，要"完善农业农村综合信息云服务平台、大数据公共服务平台，提供完善的农产品追溯、农产品质量监管、农村土地流转、精准扶贫、农情监测预警、农业气象等网络化服务。搭建一批专业化综合性技术服务平台，面向农业产业链全程开展信息技术服务，研发推广农业信息服务关键技术、系统、平台和设备。鼓励各类平台提供农业产前、产中、产后和农村生活综合服务，解决农民基本服务需求。"围绕农业生产、经营、管理和服务等各个环节需求，建立一批各具特色基于互联网的信息服务平台，实现覆盖产前、产中、产后各个环节的全产业链精准、高效信息服务，对于加快新技术、新成果推广利用，提升广大涉农用户信息获取和利用能力，促进互联网与现代农业的深度融合发展都具有非常重要的意义。

近几年来，全国范围内不同区域、各类主体牵头建设了很多各具特色的"互联网+"现代农业信息平台，各具特色，在平台建设机制、运行模式、服务体系等方面进行了有益的探索和实践，发挥了重要作用。

第一节　国家农业科技服务云平台建设

农业部为了进一步整合各类农业科教信息资源，贯通农业科技创新、成果转化、农技推广、新型职业农民培育等各个环节，有效提升农业科技教育工作的质量和效率，全面促进农业科教与农业产业的深度融合，着力提升新常态下农业科教体系服务现代农业的能力，牵头制定了《国家农业科技服务云平台建设方案（试行）》，深入推进"国家农业科技服务云平台"建设，着力搭建中央与地方、专家与农技员、农技员与农民、农民与产业之间高效便捷的信息化桥梁，全面提升农业科教服务"三农"的信息化水平和效能，实现"互联网+"农业科技发展的新格局。

一、建设目标

按照"体系工作法"，以云计算和大数据为支撑，有效整合各类农业科教信息资源，构建起农业科技创新、成果转化、农技推广、农民培训与农业生产各环节上下贯通、优势互补、管理科学、运转高效的现代农业科教信息管理与服务系统，提高农业科教服务信息化水平，全面提升农业科教服务的质量和效率，不断增强农业科教与农业产业的融合度，持续提高农业科技进步贡献率和农业资源利用率，切实保障国家粮食安全和增加农民收入。

二、建设原则

1. 统筹谋划，系统设计 以应用为导向，以共享为核心，以协同为要旨，顶层设计，系统谋划，在有效整合相关农业科技、教育、资环等体系资源的基础上，吸引多方力量参与云平台建设工作。

2. 整合资源，共建共享 统筹整合各类农业科教资源，规范云平台信息资源采集系统与交换标准，建立顺畅的从科技原始创新到成果转化应用的"技术成果信息流"和从生产技术难题到科技原始创新的"产业问题导向流"，实现信息资源共建共享、业务工作协同创新。

3. 高端引导，快捷高效 充分利用移动互联等现代信息传播手段，完善农业科教大数据系统化、结构化设计，构建云平台业务系统，增强国家农业科教服务信息系统的实用性、针对性和有效性，实现科教服务全覆盖，为广大用户提供快速便捷、针对性强的科教服务。

4. 创新机制，打造品牌 紧紧围绕农业科教服务信息化的特点和需求，统一平台，实行平台上移、服务下延，建立多元协同、资源共享、分工明确、权责清晰的云平台建设管理机制，实现云平台各系统间和每个系统内各功能板块间的互联互通，搭建"精准、及时、全程顾问式"的综合信息服务平台。

三、云平台的总体架构

国家农业科技服务云平台包括1个大数据平台、6个专业子云和16个核心业务应用系统。

1.1个大数据平台 1个大数据平台即国家农业科技、教育、环境、能源大数据平台。

2.6个专业子云 6个专业子云即体系综合业务云、智慧农民培育云、农技推广服务云、科技创新支撑云、成果转化服务云和美丽乡村创建云。

3.16个核心业务应用系统 16个核心业务应用系统即全国农业科教环能体系信息调度平台系统、智慧农民培育综合业务平台系统、基层农技推广综合业务平台系统、现代农业产业技术体系综合业务平台系统、农业部学科群重点实验室综合业务平台系统、农业生态环境保护综合业务平台系统、农村能源综合业务平台系统、美丽乡村创建综合业务平台系统、"智农卡"与"智农通"管理运营平台系统、标准化生产科技支撑平台系统、农业科技创新支撑数据管理系统、现代农业装备研发与推广服务支撑平台系统、循环农业创新与推广支撑平台系统、军民融合产业服务支撑平台系统、农业科技国际合作信息服务平台系统和农村电子商务模式创新科技支撑平台系统。

四、重点建设内容

1. 农业科教大数据建设 统筹组织国家农业科教大数据的顶层设计，重点包括：建立大数据的信息资源目录，制订信息获取、维护、存储、加工与应用方案。强化大数据的基础资源建设，通过农业科教环能信息体系建设，集成完善各类专项业务应用，保障基础资源信息的规范性、完整性和鲜活性，组织开展对农业科技创新、农民教育培训、基层农技推广、现代农业产业技术体系、农业部学科群重点实验室体系等现有农业科教信息资源的全面梳理、规整、入库。积极拓展信息获取通道，充分利用现有农业科教体系资源，建立专业信息采集队伍。设置专门的数据处理机构，扩展建立国家云平台大数据处理中心和地方、专业分中心，实现对获取信息资源的及时处理。

2. 全国农业科教体系信息调度平台系统 以农业部科技教育司、中央农业广播电视学校（农业部农民科技教育培训中心）、农业部科技发展中心、农业部农业生态与资源保护总站、中国农业科学院、中国水产科学研究院、中国热带农业科学院、中国农学会、省级农业科教行政管理部门和相关单位为主干，建立横向到边、纵向到底的连通农业科教系统的信息交换平台，建成全国农业科教系统信息快速交换通道，实现信息互联互通，支持对全国科教信息体系各项业务运行的动态监测和快速调查。建立业务信息调度制度，形成业务信息交换与报送机制，初步实现农业科教体系信息处理规范化、信息监测动态化、信息调度网络化、信息管理智能化和辅助决策模型化，有效支撑体系建设和运行管理，支持健全完善全国农业科教基础资源数据库。

3. 智慧农民培育综合业务平台系统 建立新型职业农民建档立卡管理系统，实现对各类新型职业农民的建档立卡和跟踪服务。完善新型职业农民培育信息管理系统，建成专业量化的新型职业农民培训需求、培训对象、培训师资、培训教材等资源库，为全部经过培训的新型职业农民进行登记，发放"智农卡"，开通"智农通"服务。创新培育模式，搭建起基于互联网和移动互联网的智慧农民在线培训教育平台系统，建立与知识更新相结合的长效培训服务机制，实现集中培训与全程辅导相结合，单项教学与交互教学相结合，引导农民由被动学习转为主动学习，初步实现在线教育培训、移动互联服务、在线认定管理考核和对接农村电商的综合服务能力。开展农村创业科技支撑建设，为各类生产经营主体，包括家庭农场、专业大户、合作组织和大学生、农民工返乡创业及社会资本进入农业等提供科技信息服务。

4. 基层农技推广综合业务平台系统 实现部、省、市、县、乡五级互联互通，业务联动，分类建设全国农技推广服务基础资源数据库，开展对基层农技推广人员的在线培训教育。为全部农技推广人员配发"智农卡"，开通基层农技人员"智农通"服务，实现对基层农技人员的实时、动态业务管理；构建基于大数据和互联网的现代农技推广服务平台，全面提升农技人员尤其是基层农技人员的信息化装备水平和服务能力，在有条件的地方整体推进农技推广云平台基层工作站建设；创新基层农技推广工作模式，组织基层农技推广队伍开展农业生产现场信息的实时采集、农业科教资源信息的动态监测、农业生产现场的技术指导，鼓励基层农技人员从云平台获取知识和专家支持。全面升级农技推广服务模式，组织基层农技推广人员通过"智农通"与其所在区域农户实现互联互通、开展各类技术服务并纳入业务考核。

5. 现代农业产业技术体系和农业部学科群重点实验室综合业务平台系统 建立现代农业产业技术体系、农业部学科群重点实验室与广大农业科研教学机构的对接协作平台。建立科技创新动态资源数据库，形成网上成果展示、学科群集成研发与技术攻关、重点实验室成果数据库共享、重大实验装备开放共享平台。建立包括产业技术体系专家和部学科群重点实验室专家在内的农业专家库，为入库专家开通"智农通"服务，对接云平台，实现对专家的实时、动态业务管理，支持专家通过云平台为农民和基层农技人员提供全方位服务。

6. 循环农业与美丽乡村创建平台系统　收集、汇总我国相关农业水土资源、野生动植物资源、农业面源污染调查与评价数据、耕地质量安全评价数据及农业生态环境污染防治技术、生态农业与循环农业建设技术等，强化"一控、两减、三基本"科技支撑服务。建立循环农业集成服务系统，建成绿色增产模式攻关数据库与绿色增产技术指导平台，启动农村生态能源管理与应用。开展美丽乡村创建管理与成果展示。

7. 农业科技成果转化服务平台系统　开发成果征集、评估、托管、交易、孵化、奖励、立项等功能模块，建立相应的数据库，并通过"一条龙"式的成果转移服务机制将各功能模块进行有机衔接，与全国农业科技成果转移服务中心网络系统进行对接。

8. "智农卡"与"智农通"管理运营平台系统　"智农卡"作为云平台联合电信运营商专门定制的手机卡，内置国家农业科技服务云平台直通系统，面向入库专家、基层农技推广人员、新型职业农民和各类新型农业生产经营主体免费发放。"智农通"作为云平台业务和服务的移动互联终端应用，包括：农业科教管理、农技推广、农民培育和农业专家、职业农民等不同的业务版本。2015年计划在全国发放不少于500万张"智农卡"，落实不少于3 000名专家、10万名农技推广人员和100万名新型职业农民启用"智农卡"，最终计划全国发放不少于5 000万人（户），逐步实现"智农卡"对新型职业农民和持证农民的全覆盖，为农民提供"精准、及时、全程顾问式"的信息服务。落实不少于10 000名专家、50万名农技推广人员和1 000万农户（包括各类新型农业生产经营主体）开通"智农通"服务。

国家农业科技服务云平台是一个"精准、及时、全程顾问式"的信息化综合性服务平台，具有权威性、便捷性和实用性。它以云计算和大数据为支撑，整合了各类农业科教信息资源，集结了农业科技创新、成果转化、农技推广、农民培训与农业生产各个环节，从而搭建起一个中央与地方、专家与农技员、农技员与农民、农民与产业之间高效便捷的信息化桥梁，全面提升我国农业科教服务"三农"信息化的水平。

第二节　山东省农村农业信息化综合服务平台建设

为加快农业现代化的发展，实现信息化对农业生产和农村经济社会发展的倍增效应，2008年以来，科学技术部（以下简称科技部）、中央组织部（以下简称中组部）、工业和信息部（以下简称工信部）决定在信息化水平较高、基础条件较好、有工作积极性的农业大省开展国家农村农业信息化试点工作。2010年4月，三部委正式批复山东省为全国第一个国家农村农业信息化试点省份。在山东省国家农村农业信息化示范省领导小组的领导下，由省科技厅具体组织协调，紧密结合山东农村农业发展实际，制定了《山东省国家农村农业信息化示范省实施方案》，确定了示范省建设的主要目标和任务。"山东省农村农业信息化综合服务平台"是山东省国家农村农业信息化示范省建设的核心内容，是高效快速采集、加工、整合各个部门和地方的各类涉农信息资源的重要平台。该平台是直接面向农民、农民合作组织、涉农企业、科研院所及社会大众提供高质量、方便快捷的农村农业信息服务的核心窗口。通过综合平台建设，能够推动农村农业信息资源由分散建设向整合利用转变，从信息系统独立运行向互联互通和资源共享转变，并为农村农业信息资源的整合、共享及服务提供技术支撑。

经过几年的建设和运营，山东省农村农业信息化综合服务平台不断强化服务功能，丰富服务内容，创新服务模式，充分发挥"互联网+"优势，为服务山东乃至全国农村农业发展发挥了良好支撑作用。

一、建设思路

紧紧围绕"资源整合""高效服务""机制探索"等关键节点进行突破和创新，力争通过"产业服务"形成山东特色（图3-1）。按照"平台上移"的原则，开展各类农村农业信息资源整合开发，同时注重与优势产业专业信息服务系统、基层信息服务站和示范基地的有效衔接，加快"低成本、便捷式"信息服务进村入户，满足农民个性化信息需求，服务新农村建设和现代农业发展，促进农业信息化和农业产业化深入融合。同时，积极探索农村农业信息服务新机制，引进各类主体共同参与平台建设和运营，确保平台提供公益性服务为主，积极开展市场化服务，力争实现平台可持续发展。

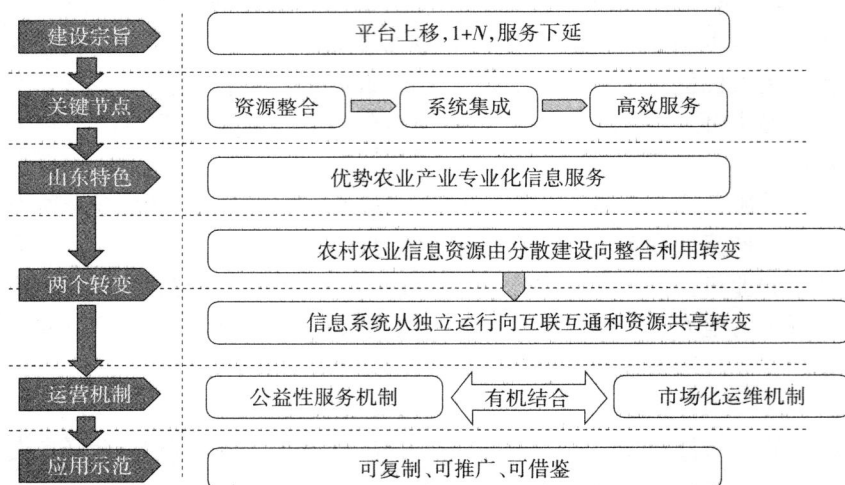

建设宗旨	平台上移,1+N,服务下延
关键节点	资源整合 → 系统集成 → 高效服务
山东特色	优势农业产业专业化信息服务
两个转变	农村农业信息资源由分散建设向整合利用转变
	信息系统从独立运行向互联互通和资源共享转变
运营机制	公益性服务机制 ← 有机结合 → 市场化运维机制
应用示范	可复制、可推广、可借鉴

图3-1 平台建设总体思路

二、建设原则

1. 整合资源 平台建设立足现有农村农业信息化基础，避免重复建设；以服务农村基层和优势产业链为目标，运用行政和市场等手段，坚持"多方参与、合力推进"，充分整合各方资源。

2. 统一接入 综合平台作为农村农业信息化服务的集中平台和核心窗口，与各类信息系统实现有效互联和无缝对接，提供一站式服务，用户在综合平台上可以方便快捷地找到自己需要的信息。

3. 分地运营 根据各类信息系统运营主体的不同，发挥各自优势，充分依托现有设施条件，分地运营，协同服务，以提高信息服务的效率。

4. 个性服务 用户可以通过电视、电脑、手机等多种手段获取所需信息；服务内容既有农业产前、产中和产后信息，又有农村文化生活等方面的信息；用户可根据需要定制信息，满足各种个性化需求。

三、建设目标

平台立足山东，面向全国，提供专业化农村农业信息综合服务，打造国内一流信息服务品牌；在政府、企业、农民之间搭建顺畅的沟通和服务渠道，显著提升政府服务水平、企业经营水平和农民致富水平，创造巨大的社会效益，同时通过专业技术和市场信息服务等，创造显著的经济效益。

建成后的平台将成为集网络、视频、语音、短信等多信息接入手段的农村信息服务综合门户，成为高效采集、加工、整合各个单位的各类涉农信息资源的重要平台，直接面向农民、农民合作组织、涉农企业、科研院所及社会大众提供农村农业信息服务，面向优势农业产业开展一体化和专业化服务。通过平台为农村农业信息资源的整合、共享及服务提供技术支撑，通过资源整合共享，打造"一站式"综合服务，支持电话、电脑、电视等多种终端访问，能够满足用户在任何时间、任何地点、使用任何终端享受平台服务的需求。平台既是资源整合平台，又是服务农民农企的信息互动平台和运营平台，还是农村农业信息化成果的展示应用平台。平台以公益性服务为基础，同时具备增值服务和可持续运营能力。

1. 平台上移，标准统一 包括统一技术标准、统一数据中心、统一服务风格、统一注册系统，利于整合资源，更好地方便用户使用，形成服务合力。在集中的基础上，充分考虑各类系统个性化需求与特点，做到统分结合。

2. 技术先进，讲求实用 综合应用互联网、移动互联网、短彩信、IVR、物联网、云计算、GPS、3G 通信技术、IPTV 等。让农民在任何时间、任何地点、使用任何终端都可以享受到我们的综合服务平台的权威、及时、便捷、低廉的服务。

3. 有价值、有形象、有效益、可持续 在全省起到示范带动作用，能为农民、合作组织和企业等带来价值，对用户群体具有感召力，用户有收益，社会有效益，企业有利益，打造成熟的服务、运营模式，具备可持续运营能力。

4. 以公益性服务为主，积极开展市场化服务 公益为主，市场为辅，市场反哺公益，力争每年服务能力达到 1 000 万人次，创造巨大的社会经济效益。

四、建设内容

山东省农业信息化综合服务平台建设内容主要包括综合门户网站系统、资源整合系统、短信服务系统、12396 呼叫中心服务系统、远程视频服务系统、网络电视（IPTV）系统、产业信息服务系统等。

1. 综合门户网站系统 研建了平台门户网站——齐鲁三农科技网（www. qlsn. cn），充分利用互联网实时快速、大容量的特点，提供平台各类应用系统的服务接口，成为平台开展服务的主要窗口（图 3-2）。

图 3-2 平台门户网站

2. 数据资源整合系统 依托山东联通公司五星级 IDC 数据中心机房，构建平台数据中心。为综合服务平台建设了基于云构架的集计算、存储、网络等能力于一体的综合通道，提供了平台运行所必需的硬件及网络支撑环境。数据中心配置有 Web 服务器、数据服务器、备份服务器等性能先进的专用服务器 20 余台，磁盘阵列存储空间超过50 万亿字节，入侵检测、硬件防火墙、防病毒、负载均衡等网络安全设备配置齐全，搭配有高速稳定的网络传输条件，为数据安全存储和高效共享提供了技术支撑。

针对数据资源共享困难、利用率低等问题，为进一步整合资源，提高利用效率，充分运用本体思想，以服务对象的需求为出发点，分析了解各类用户对于涉农信息资源的实际需求，开发建设农业数据资源整合系统，面向各信息资源节点，为资源交换提供支持，实现资源节点间的信息资源共建共享。开展数据资源整合、录入等工作，开发农业实用技术数据库、语音数据库和视频数据库等涉农信息资源数据库群，为平台服务提供数据资源支撑。

3. 12396 热线服务系统 作为全国首批星火科技 12396 试点建设省份，山东省于 2008 年 12 月在山东省农业科学院正式开通星火科技 12396 服务热线，并依托山东省农业科学院建设了省级星火科技 12396 信息服务中心。按照国家关于公益性服务号码资源的有关标准、规定和要求，在全省范围内开通了 12396 公益服务热线。依托山东联通公司等通信运营商，建设完善了 12396 呼叫中心，搭建了功能强大的 12396 呼叫服务系统，支持 64 路并发呼叫，具备人工坐席与自动应答、自动转接与多方通话、来电统计分析等功能，同时支持短信、网页、视频等多种呼叫手段。充分发挥星火科技 12396 热线作用，在全省范围内推广应用，建设了较为完善的遍布全省的星火科技 12396 信息服务体系，探索了较为成熟的 12396 热线服务模式。在此基础上，不断创新服务模式，积极探索实践，多方联合，优势互补，与山东省广播电视台、齐鲁网等联合打造了"12396 对农直播间"，使 12396 服务进入了新的发展阶段。

4. 远程视频服务系统 针对农民在各种场所（如基层信息服务站、家里、田间），使用各种终端（如电视、手机、电脑）查询、使用农村农业信息化综合服务平台信息的需求特点，利用宽带互联网、WCDMA/GSM 移动通信网，依托山东联通建设三网融合视频交互平台，即农民通过电视可基于 IPTV 子平台，收看各种农业视频，查询农业信息；农民通过手机基于手机流媒体子平台、WAP 门户网站，收看各种农业手机视频，查询农业资讯信息；农民通过 PC 基于宽带 CDN 子平台/Web 门户网站，收看各种农业视频，查询农业信息。在电视、手机、PC 3 个屏幕之间，通过账号统一管理技术、内容进度标签管理技术，对于收看的同一内容，可以随时随地无缝切换、自动连续观看。通过系统分布式部署技术，实现大容量视频的分布式存储与内容分发，从而达到稳定、高效、不间断地传输清晰视频画面效果。

5. 手机客户端服务系统 为适应移动互联网发展趋势，联合山东联通开发了综合服务平台专用手机客户端软件系统。通过手机客户端，除了基本的平台信息浏览外，最大的特色是结合联通公司 WCDMA 网络数据传输优势，实现了专家与农户的音视频互动沟通功能。

6. 优势产业专业信息服务系统 山东省是一个拥有 9 700 多万人口的农业大省，粮食、水果、瓜菜、畜产品、渔业等主要农产品的产量和经济效益均居全国前列，农业总产值和增加值连续多年保持全国领先；在农业产业化经营、农业产业结构调整、发展外向型农业等方面为全国提供了宝贵的经验。充分结合山东省农业产业化优势，整合政府部门、科研单位、大专院校、龙头企业、合作组织等力量，分别依托产业优势单位，建设了粮食作物、经济作物、蔬菜、果树、畜牧、家禽、林木花卉、水产、农资配送、农产品物流等优势产业专业信息服务系统，整合了各产业资源，实现了覆盖全产业链条的专业化信息服务。按照"资源整合、统一接入、实时互动、专业服务"的思路建设各专业信息系统。依托优势产业，通过各类信息技术的示范应用，提供覆盖全产业链的即时优质的专业信息服务。各专业信息服务系统上接综合平台、下联示范基地和基层站点，形成相对集中和便捷服务的专业信息服务体系。不断加强信息技术在专业服务中的推广应用，逐步探索"通过信息化推动农业产业化、实现农业产业提升、促进城乡统筹"的农业信息化发展模式。充分发挥政府引导作用，突出公共信息服务职能，同时积极发挥市场作用，逐步引进商业模式，实现专业信息服务系统的可持续发展。逐步扩大产业应用范围，最终建立覆盖山东省农业领域全部产业的信息服务系统。

第四章
CHAPTER 4

实施"互联网＋"现代农业行动，支撑农业农村信息化发展

展望"十三五"，推进农业现代化的有利条件不断积蓄，发展共识更加凝聚。党中央、国务院始终坚持把解决好"三农"问题作为全部工作的重中之重，加快补齐农业现代化短板成为全党和全社会的共识，为开创工作新局面汇聚强大推动力。外部拉动更加强劲。新型工业化、信息化、城镇化快速推进，城乡共同发展新格局加快建立，为推进"四化"同步发展提供强劲拉动力。转型基础更加坚实。农业基础设施加快改善，农产品供给充裕，农民发展规模经营主动性不断增强，为农业现代化提供不竭原动力。市场空间更加广阔。人口数量继续增长，个性化、多样化、优质化农产品和农业多种功能需求潜力巨大，为拓展农业农村发展空间增添巨大带动力。创新驱动更加有力。农村改革持续推进，新一轮科技革命和产业革命蓄势待发，新主体、新技术、新产品、新业态不断涌现，为农业转型升级注入强劲驱动力。

综合判断，"十三五"时期，我国农业现代化建设仍处于补齐短板、大有作为的重要战略机遇期，必须紧紧围绕全面建成小康社会的目标要求，遵循农业现代化发展规律，加快发展动力升级、发展方式转变、发展结构优化，推动农业现代化与新型工业化、信息化、城镇化同步发展。

第一节 农业装备智能化工程

全球农业发展进入以科技为核心支撑和竞争力的传统农业向现代农业转变的发展阶段。农业装备是现代农业发展的重要支撑，随着生物技术、信息技术和先进制造技术等科技的发展，全球农业装备技术发展进入了以智能化为引领的高速发展阶段。近年来，国家大力发展现代农业、高端装备制造业及推进创新型国家建设，财政支持和社会投入不断加大，我国农业装备产业发展和科技创新步伐明显加快，有力地推进了产业转型发展和优化升级。我国成为全球农机制造和使用大国，有力地支撑了粮食和农产品的有效供给。当前，国家统筹推进工业化、信息化、城镇化和农业现代化同步发展，农业装备产业进入了实现创新驱动发展的战略机遇期。

一、我国农业装备研究计划及投入

近年来，科技部、农业部等部门加大了对农机和农机化科技创新的支持，财政科技投

入实现较大幅度增长。"十一五"时期，科技部启动国家"863"计划现代农业技术领域的重点项目——"现代农机智能装备与技术研究"。由农业装备产业技术创新战略联盟组织实施，22家科研院所、高等院校和企业共同参与。该项目立足智能农业装备技术的基础理论，着眼大型高效智能和轻便智能装备技术，以战略性、前瞻性和前沿性技术为重点，突破制约产业发展的关键共性和应用基础技术，强化空白产品核心技术供应能力和提升产品档次，进一步提升我国农业装备技术应用基础研究能力和农业装备智能化技术水平。项目实施突破了一批共性关键技术。研发的土壤工作部件模拟试验自动检测平台、智能化精量播种模拟系统等智能化土壤-植物-机械工况模拟系统技术解决了大型农机全天候试验的技术难题。研发的联合收割机作业速度控制、故障诊断、监测与导航等联合收割机智能化控制技术，达到了国内领先水平。研发的采棉机在线测产、行走速度自动控制、自动对行、监测系统等智能控制系统关键技术，达到国际先进水平。研发的可调姿态轻小型农机动力底盘、轻便型插秧机技术、与小拖拉机配套的联合收割机技术等关键技术，为山地丘陵机械研发提供技术支撑。

项目实施创新开发了一批具有自主知识产权的先进农机产品。创新开发了基于智能化控制技术的工况模拟检测系统、切纵流智能控制稻麦联合收获机、甜高粱茎穗联合收获机、甜高粱茎秆打捆机、棉花打顶机、大型智能控制采棉机、丘陵山地姿态智能调控多功能动力底盘及小型收获与轻便型插秧机等进一步促进了我国农业装备升级换代。项目实施深化和拓展了农业装备领域的产学研合作创新。项目以农业装备产业技术创新战略联盟为核心，集聚优势科技资源，进一步探索了以联盟为核心实施国家科技计划项目做法和经验，对完善农业科技创新机制具有积极的意义。统筹项目、技术、人才、基地创新要素向企业聚集，形成农机智能装备研发协作机制，推进了联合攻关、协同创新，促进了高水平成果的产出，促进全产业链技术创新和成果应用推广，为推进农业装备产业技术创新奠定了良好的基础。

"十二五"期间国家"863"计划启动了"智能化农机技术与装备"重大项目，由农业装备产业技术创新战略联盟牵头实施，汇聚相关技术产品领域的57家主要企业、研究院所、大专院校近350名相关领域优势科研人员，开展种苗高速栽插与精密播种技术、高效收获分离清选技术、作物生产智能监控关键技术与系统、瓜菜田间生产智能化关键技术与装备、智能化种子干燥及精细分选别装备技术、全自动嫁接育苗关键技术与成套装备、植物工厂化生产低碳设施与装备、茶园智能化关键技术与装备、新型饲料智能收获和精益制备技术与装备、农产品智能分选与节能加工技术与装备等研究，将重点突破智能栽插和高效采收、植物生长过程和环境信息实时监测、种肥水药按需施用控制等智能化共性关键技术，开发智能化种子精细加工、全自动嫁接育苗、瓜菜智能化生产、植物工厂化生产等重大装备与设施，建成智能农机装备产业化示范基地。完善产学研相结合的科技创新机制，全面提升产业科技创新能力和国际竞争力，促进农业装备产业优化升级和结构调整。

"十三五"以来，启动"智能农机装备"重点专项，该专项围绕现代农业发展方式转变、提质增效对高端技术和市场重大产品的紧迫需求，重点突破市场机制和企业无力解决的信息感知、决策智控、试验检测等基础和关键共性技术与重大产品智能化核心技术，实现自主化，破解完全依赖进口、受制于人的瓶颈；加大力度开发大型与专用拖拉机、田间作业及收获等主导产品智能技术与智能制造技术，创立自主的农业智能化装备技术体系；创制丘陵山区、设施生产及农产品产地处理等装备，支撑全程全面机械化发展。掌握147千瓦以上大型拖拉机和采棉机等高端产品和核心装置设计与制造关键技术；突破动植物对象识别与监控核心技术，田间播种施肥、植保、收获智能作业机械和养殖场挤奶机器人投入使用；大宗粮经作物生产全程机械品种齐全，国产农机产品市场占有率稳定并高于90%，支撑主要作物耕种收综合机械化水平达到70%以上，为中国农机装备"走出去"提供科技支撑。突破信息感知、决策智控、试验检测、精细生产管控等应用基础及节能环保拖拉机、精量播栽、变量植保与高效收获装备等关键共性核心技术200～300项；创制关键共性核心技术装置与系统60～80项；研制大型及专用拖拉机、智能谷物联合收割机等智能化重大装备，甘蔗收获、棉花机采、橡胶割胶等薄弱环节装备及农产品智能化产地处理、丘陵山区优势作物生产等重大装备产品115～165种；建立典型示范基地6～10处，实现技术自主和产业应用。研制标准150～250项，申请专利200～300项，培养创新人才300～500名，形成创新团队15～20个。构建形成关键共性技术、核心功能部件与整体试验检测开发和协同配套能力。

该专项按照应用基础技术研究、关键共性技术与重大装备开发、典型应用示范等创新环节进行专项任务一体化部署，设置围绕农机作业信息感知与精细生产管控应用基础研究、农机装备智能化设计与验证、智能作业管理关键共性技术开发、智能农业动力机械及高效精准环保多功能农田作业、粮食与经济作物智能高效收获、设施智能化精细生产、农产品产后智能化干制与精细选别技术与重大装备研制、畜禽与水产品智能化产地处理、丘陵山区及水田机械化作业应用示范等11个任务方向共47个项目。2016年度首批指南已发布农机作业信息感知与精细生产管控应用基础研究、智能农业动力机械研发、粮食作物高效智能收获技术装备研发、经济作物高效智能收获与智能控制技术装备研发4个任务方向，已经支持21个项目。

二、我国农业装备技术进展

1. 数字农业装备关键技术紧跟前沿 在土壤信息快速采集、作物信息快速获取和按需投入的变量施用等关键技术方面取得了应用突破，满足精准农业生产设计与管理决策要求。在网络差分、多源信息融合、协同导航作业、视觉识别及工况检测与智能控制等方面关键技术取得创新，开展了系统集成等工作并在装备中初步应用。

2. 数字化设计与先进制造技术初步应用 在农业装备并行协同数字化设计、虚拟设计、虚拟样机仿真环境构建、机电多系统协同仿真环境等农业装备数字化设计、可靠性与试验监测等技术方面取得了初步突破，提高了农业装备制造业数字化设计制造水平。这些技术在中国农业机械化科学研究院、中国一拖集团、福田雷沃重工股份有限公司、山东时风集团、山东五征集团、常发集团等骨干企业应用于拖拉机、收获机械和农机具等标志性农机产品研究开发，促进产业整体设计制造水平提升。

3. 农业动力机械技术大型化、多样化发展 小型拖拉机节能技术应用实现节油8%～10%，成为在用1 500万台小型拖拉机的替代技术。147千瓦、220.5千瓦、294千瓦拖拉机研发搭建了我国大型拖拉机研发平台，目前，147千瓦拖拉机进入产业化开发阶段，

220.5千瓦拖拉机在电液控制技术等方面具有自主知识产权，294千瓦级拖拉机重点围绕无级变速传动系（CVT）、重载大传动比行星传动和基于CAN BUS总线的数字仪表技术等方面进行攻关突破。同时，在传统动力机械基础上，变地隙、变轮距和姿态可控可调的动力底盘研究已取得初步成果，可挂接施药、除草等作业机具。

4. 耕整种植机械技术向复式多功能方向发展 耕整种植等作业机具满足与不同动力段拖拉机配套需求，作业监控等关键技术达到先进水平。多功能联合整地机具创新了工作部件弹性连接、脱附减阻等技术及材料工艺，可完成灭茬、深松、碎土、合墒和镇压等复式作业。玉米、大豆播种机集成了免耕防堵、分层精量施肥、种肥监测和电液自控仿形等技术，形成了多系列产品，实现了高速、精量播种。小麦精少量播种机集成了波纹圆盘开沟、侧深施肥、控制式密齿排种和作业监控等技术，作业行数最大达到48行，一次完成开沟、播种、施肥和镇压复式作业。

5. 田间管理机械向精量、精细技术方向发展 重点围绕精量、精细要求，创新开发高效宽幅、变量喷雾、节水喷灌和结合视觉技术的除草等技术，满足早期及中后期田间管理作业需求。植保机械覆盖拖拉机牵引、动力底盘上挂接植保机具和自走式高地隙等形式，解决了喷杆自动悬浮平衡技术、穿透性防飘移喷雾技术、药剂精量注入技术和系统恒压技术等制约精量喷雾作业的关键技术。喷灌机具面向节水、适用于农户需求方向延伸。中耕、除草机具等集成视觉识别技术等，向多功能、大型化发展。

6. 收获装备技术发展满足粮食作物与典型经济作物生产需要 导航作业、自动测产和工况控制等技术逐步应用，推进了谷物联合收割机升级换代，产品喂入量逐步覆盖4～10千克/秒等系列。玉米联合收获机涵盖摘穗收获、籽粒收获、茎穗兼收和青贮收获等形式，满足了不同地区种植模式的玉米收获需求。采棉机实现国产化，向自主研发发展，不断满足西北内陆、黄河流域等不同棉花主产区机械收获的需求。番茄、甘蔗、葡萄、甜菜、花生和蔬菜等收获机械相继研发成功，性能基本达到使用要求。秸秆收集方面，中小型打捆机技术基本成熟、普遍应用，大型打捆机突破了捡拾、预压、压缩和捆扎等关键技术，产品技术性能与国外基本相当，已初步试验应用。同时，联合收割机小型化、轻量化技术推进丘陵山区收获机械化发展。

7. 农产品产地处理与加工技术装备向规模化、成套化方向发展 围绕农产品优质、安全、高效和节能加工处理的要求，突破了产地处理、保鲜、分选和加工等环节关键装备技术，重点研制了高品质蛋白质与油脂联产加工、果蔬干燥成套设备、移动式湿冷保鲜装备、棉花加工成套装备和茶叶加工成套设备等，在大生产量、自动化水平等方面，满足了谷物初加工、油菜籽、籽棉、禽蛋、果蔬、茶叶和农作物种子等农产品加工需求。

三、农业装备发展技术路线图

2015年《〈中国制造2025〉重点领域技术路线图（2015版）》（以下简称路线图）由国家制造强国建设战略咨询委员会在京正式发布。为引导社会各类资源集聚，推动优势和战略产业快速发展，中国工程院网站正式发布了路线图电子版。路线图涉及十大重点领域：新一代信息技术、高档数控机床和机器人、航空航天装备、海洋工程装备及高技术船舶、先进轨道交通装备、节能与新能源汽车、电力装备、农业装备、新材料、生物医药及高性

	2020年	2025年	2030年
需求	新型工业化、信息化、城镇化、农业现代化"四化"同步推进，保障粮食、食品、生态"三大"安全		
	转变农业发展方式，实现高产高效生产、提质增效和可持续发展		
	信息、生物、新材料、新能源等技术广泛渗透，要求农机装备提升水平、完善功能、增加品种、拓展领域		
目标	国内市场占有率90%，大型拖拉机和采棉机市场占有率达30%	国内市场占有率95%，大型拖拉机和采棉机市场占有率达60%	国内市场占有率95%以上，高端农机装备市场占有率30%以上
	化肥和农药施用有效利用率达40%	化肥和农药施用有效利用率达50%以上	
	播种、施肥、施药、灌溉实现变量作业	耕整、种植、灌溉、植保、收获主要生产环节实现智能化作业，饲喂、挤奶机器人化	
	拖拉机和联合收割机平均无故障时间分别达到250小时和60小时	拖拉机和联合收割机平均无故障时间分别达350小时和100小时	主要农业装备产品平均无故障时间达到国际先进水平
	产值6 000亿元，支撑主要农作物耕收综合机械化水平达到70%左右	产值8 000亿元，支撑主要农作物耕种收综合机械化水平达到80%左右	产值达到1万亿元左右，支撑主要农作物全面全程机械化
重点产品 新型高效拖拉机	111~149千瓦动力负载变速拖拉机产业化	149~298千瓦无级变速拖拉机产业化	
变量施肥播种机械	稻麦变量施肥播种机产业化		稻麦、玉米、大豆等智能施肥播种机产业化应用
		玉米、大豆等变量施肥播种机产业化	
精量植保机械	大中型高地隙喷杆喷雾机产业化		智能植保机械产业应用
		轻型水田自走式喷杆喷雾机产业化	
高效能收获机械		大喂入量智能化谷物联合收割机产业化	谷物联合收割机智能化应用，产业化
	采棉机智能化应用，产业化		采棉打包一体采棉机智能化应用
		新型玉米、甘蔗、油菜、饲草料收获机产业化	玉米、甘蔗、油菜、饲草料收获机智能化应用，产业化
种子繁育与精细选别机械	精细种床整备、去雄授粉机械产业化		种床整备、播种、去雄授粉、洁净收获机智能化应用，产业化
		精量交错播种、洁净收获机械产业化	
	种子数控干燥、智能丸化、计量包装与溯源设备产业化	精细分选、活性和健康检测设备产业化	种子干燥、丸化、分选、活性检测、包装、溯源等种子加工智能成套设备产业应用
节能保质运贮机械	大型粮食节能烘干机械产业化	粮食烘干机械智能化应用，产业化	
	粮食、果蔬等智能控温控湿运贮设备产业化	农产品物理环境、微生物滋生时间标示等智能设备应用	
畜禽养殖机械	环境精准调控、个体精准饲喂设备普通应用	智能设施、饲喂、行为监测、环境调控等智能设备产业应用	
	畜产品采集智能化设备普遍应用	挤奶机器人产业应用	

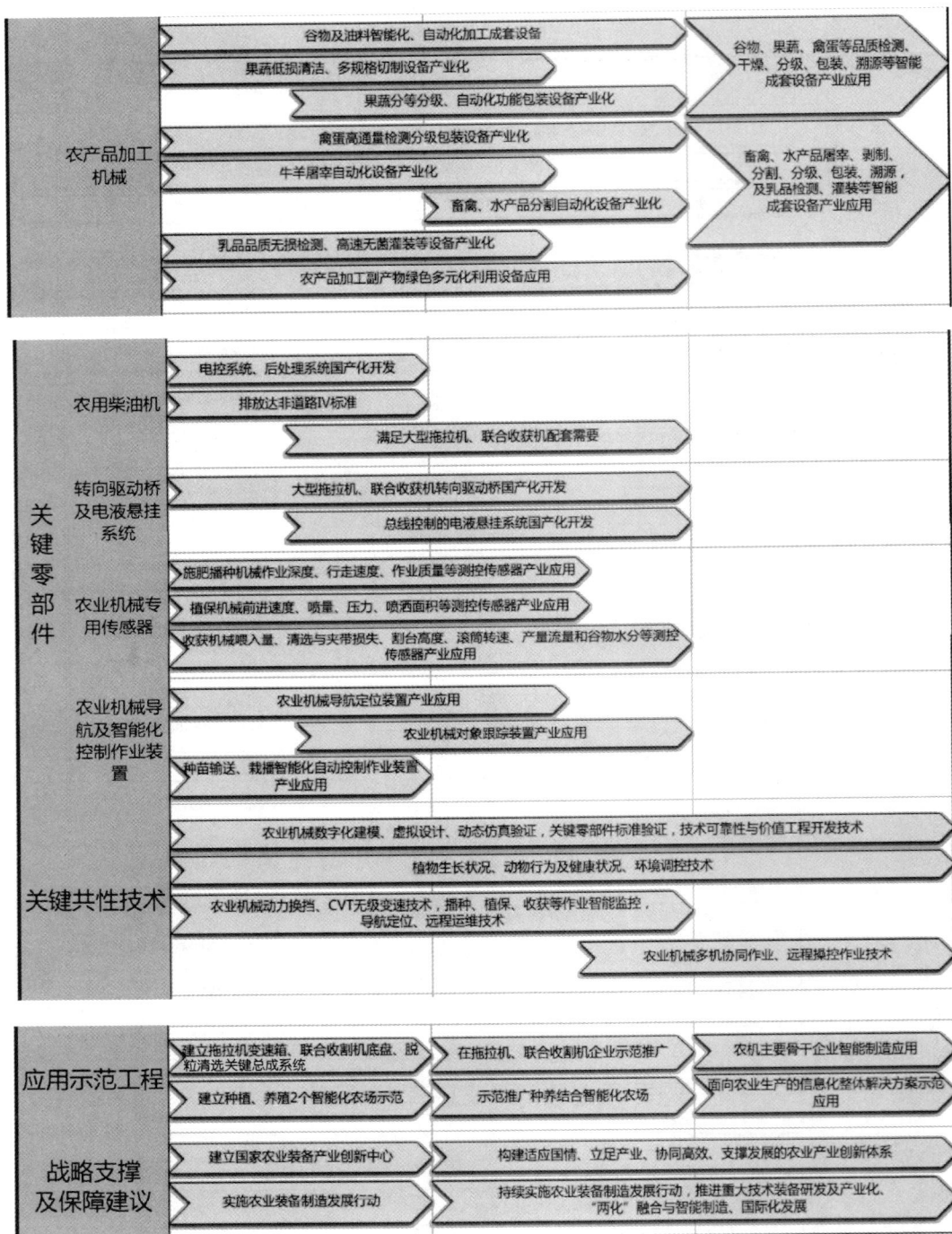

图 4-1　农业智能装备发展技术路线

能医疗器械。作为十大重点领域之一,农业装备产业将按照拓展领域、增加品种,并加快向自动化、信息化、智能化发展的要求,重点发展 8 类产品和 4 类关键共性技术。

整体目标为到 2020 年,构建形成核心功能部件与整机试验检测开发和协同配套能力。农机工业总产值达到 6 000 亿元,国产农机产品市场占有率 90％以上,149 千瓦以上大型拖拉机和采棉机等高端产品市场占有率达 30％。变量施用技术产业化,化肥和农药有效利用率达到 40％。掌握核心零部件制造和可靠性关键技术,拖拉机和联合收割机平均无故障时间分别提高至 250 小时和 60 小时。

到 2025 年,大宗粮食和战略性经济作物生产全程机械品种齐全,农机装备信息收集、智能决策和精准作业能力显著提高,形成面向农业生产的信息化整体解决方案。农机工业总产值达到 8000 亿元,国产农机产品市场占有率 95％以上,149 千瓦以上大型拖拉机和采棉机等高端产品市场占有率达 60％。智能播种施肥、植保、收获机械等投入使用,化肥和农药有效利用率达到 50％以上。全面掌握核心装置制造和整机可靠性关键技术,拖拉机和联合收割机平均无故障时间分别达到 350 小时和 100 小时。

此外,路线图还从需要重点发展的产品、所需关键零部件、关键共性技术、应用示范工程及战略支撑和保障建议等方面进行了详细规划,技术路线如图 4-1 所示。

第二节　农业物联网区域试验工程

为深入贯彻落实《国务院关于推进物联网有序健康发展的指导意见》(国发〔2013〕7 号)要求,加快推进农业物联网应用发展,促进农业生产方式转变,支撑农业现代化建设。2013 年 4 月,农业部启动农业物联网区域试验工程,选择基础较好、行业和区域带动性强、物联网需求迫切的地区,以企业为主体,鼓励产、学、研联合,以"全要素、全过程、全系统"理论为指导,中试和熟化一批农业物联网关键技术、智能装备和解决方案,推广一批节本增效农业物联网应用模式,提高农业产出率、劳动生产率、资源利用率。开展农业物联网技术集成应用示范,构建理论体系、技术体系、应用体系、标准体系。"十三五"期间,选取农产品主产区、垦区、国家现代农业示范区等大型基地,建成 10 个试验示范省,100 个农业物联网试验示范区,建设 1 000 个试验示范基地。首批选择天津、上海、安徽开展试点试验工作,探索农业物联网发展路径和应用模式,培育一批可看、可用、可推广的示范典型,为全国范围推广应用积累经验。

一、重要意义

当前,我国农业现代化进程明显加快,但也面临着资源、环境与市场的多重约束,保障粮食安全、食品安全、生态安全的压力依然存在,确保农民稳定增收的任务越来越重。实施区试工程,对于探索农业物联网理论研究、系统集成、重点领域、发展模式及推进路径,提高农业物联网理论及应用水平,促进农业生产方式转变、农民增收有重要意义。

1. 实施区试工程,有利于把握物联网等信息技术的特点及在农业领域的应用规律,探索形成农业物联网发展模式 信息技术是新生事物,是多学科技术的集成,兼具系统性和整体性；而农业是个古老产业，兼具地域性、季节性和多样性，这就决定了信息技术改造传统农业的复杂性和艰巨性。实施区试工程，研究物联网技术在不同产品、不同领域的集成、组装模式和技术实现路径，逐步构建农业物联网应用模式，促进农业物联网基础理论研究、适用技术和产品研发，探索构建国家农业物联网标准框架体系及相关公共服务平台，将为推动农业物联网产业大发展奠定坚实基础。

2. 实施区试工程，有利于积累农业物联网应用经验，促进农业物联网科学发展 目前，我国农业物联网应用尚处于尝试性起步阶段，整体应用水平和建设规模明显落后于电力、医疗、环保等其他行业。各地农业物联网应用示范基本呈各自为战、散兵游勇式发展，点多面广，严重缺乏顶层设计，为示范而示范的现象较普遍，重复投入问题较突出，可持续发展商业模式较少。实施区试工程，有利于逐步理清发展思路、明确发展方向和重点，为全面、整体、系统推进农业物联网积累经验。

3. 实施区试工程，有利于调动地方农业部门积极性，整合各方力量共同推进农业物联网应用 虽然一些地方农业部门发展农业物联网的积极性较高，但由于缺乏稳定投入，系统推动的后劲明显不足，一定程度上影响了农业物联网效果发挥和长远发展。实施区试工程，不仅有利于调动地方农业部门积极性，更重要的是通过政府工程项目的示范、引导和带动，能够促进社会各方资源整合、形成合力，共同推进农业物联网发展。

二、区域试验重点任务

1. 研究和部署农业物联网公共服务平台 面向农业物联网重大行业应用，重点突破多源信息融合、海量信息分布式管理、智能信息服务等关键技术，构建农业物联网公共服务平台，开展面向农业资源规划与管理、生产过程精准管理、农产品质量安全溯源等领域的共性服务。

2. 研究和制定一批农业物联网应用行业标准 联合产、学、研、用单位，研究和编制农业领域条形码（一维码、二维码）、电子标签（RFID）等的使用规范，制修订一批农业物联网传感器及传感节点、数据采集、应用软件接口、服务对象注册及面向大田、设施农业、农产品质量安全监管应用等方面的标准。

3. 中试和熟化一批农业物联网关键技术和装备 围绕区域主导产业，重点中试和熟化动植物环境（土壤、水、大气）、生命信息（生长、发育、营养、病变、胁迫等）传感器，研制成熟度、营养组分、形态、有害物残留、产品包装标志等传感器，开展农业物联网技术和装备的系统引进和自主研发，加强动植物生长过程数字化监测手段、模型研究，突破农业物联网的核心技术和关键技术。

4. 形成一批可推广的技术应用模式 针对设施农业与水产养殖、农产品质量安全、农业电子商务、大田粮食作物生产等的监测监控，分别研发系列专用传感、传输、控制等设备，开发相应的软件和管理信息系统，从而构建全程技术体系及可持续发展机制。

5. 培育农业物联网产业 按照引进消化吸收再创新的思路，围绕农业物联网的感知识别、数据传输、数据处理、智能控制和信息服务等环节，积极引导和推进农业物联网设备制造、软件开发及相关服务，培育一批农业物联网产业化研究基地、中试基地和生产基地，促进农业物联网新兴产业发展。

6. 强化政策措施研究 总结区试工程经验，研究提出促进农业物联网应用推广的政策建议，积极推动相关政策措施出台，营造农业物联网发展的良好环境。

三、区域试验情况

（一）天津设施农业与水产养殖物联网试验区

天津毗邻北京，经济和交通条件好，区位优势明显。设施农业发达，目前拥有高标准设施农业面积60万亩，水产养殖面积62万亩，规模化水产养殖小区55个，蔬菜和水产品自给率高。试验重点是在现代农业示范基地、龙头企业、农民专业合作社和水产养殖小区等开展设施农业与水产养殖物联网技术应用示范，探索不同种类农产品、不同类型农业生产经营主体农业物联网应用模式；开展农产品批发市场物流信息化管理，探索利用信息技术构建新型农产品流通格局，有效减少交易环节，提高交易效率。

1. 天津农业物联网平台建设

（1）总平台建设。总平台围绕企业应用平台、行业示范平台、创新研究平台、公共服务平台、生产支撑平台、资源集成中心、农产品溯源平台、农产品电子商务平台8个方面进行建设。其中作为平台基础的生产支撑平台由以下构成：

① 4个全要素资源集成中心，包括：信息获取中心、云计算中心、云数据中心、云服务中心。

② 5个全系统专业支撑平台，包括：农业生产加工决策控制支撑平台仓储物流实时监控支撑平台、农资农产品交易支撑平台、农资农产品消费支撑平台、监测与会商指挥平台。

③ 6个全过程行业示范平台，包括：种植业大田物联网示范平台、种植业大棚物联网示范平台、畜牧兽医物联网示范平台、渔业物联网示范平台、农机与农资物联网示范平台。

平台可为各类用户配置开放、共享、协同的农业物联网服务资源，包括：云存储、云计算资源，农业传感器数据、网络数据、农业遥感数据、农业知识与视频数据资源，大数据管理、垂直搜索、语音交互等农业物联网通用软件工具与系统。平台通过服务定制，在行业、过程、品种3个维度，根据天津不同的农业物联网用户类型自动映射出不同粒度的农业物联网应用平台，包括：面向管理部门的种植、畜牧、水产等行业示范平台；面向种养企业、农民专业合作社、大户等具体品种的企业应用平台；面向农科院、农业大学等农业物联网服务供应商的创新研究平台，提供生产、加工、流通、消费等各种物联网应用平台集成与开发；面向政府决策提供数据资源、计算与存储资源、监测与统计、数据挖掘分析等物联网应用服务。

平台采用云计算、云数据、云服务等云化技术，并构成农业物联网全要素资源集成中心；采用大数据处理技术，农业垂直搜索引擎；农业物联网数字地图，包括：农民专业合作社、农资生产、加工、仓储企业与经营网点等空间信息；采用拟人化语音交互机器人，可以通过自然语言与平台进行普通话交互（图4-2）。

（2）行业平台建设。围绕天津都市型现代农业发展需求，结合天津种植业、畜牧兽医、渔业、农机等行业管理的分布与职能，建设行业示范平台（图4-3）。

种植业物联网示范平台：种植业物联网应用以强化服务功能为核心，建设以定制化服务

图 4-2　天津农业物联网平台

图 4-3　天津农业物联网行业示范平台

为主的种植业物联网云服务平台、以共性化服务为主的农技推广信息服务平台、以专业化管理为主的放心菜基地管理平台、数字植保平台、种子追溯与监管等 5 个服务平台（图 4-4）。开发基于移动互联的"农技通"移动终端；捆绑放心菜质量追溯与电子商务系统，实现农产品可全程追溯；建设 10 个核心示范基地，实现"可看、可用、可推广"。信息服务覆盖全市 10 个区县 116 个乡镇和 145 个基地，贯通从服务器到田间的软硬件服务渠道。

畜牧兽医物联网示范平台：物联网技术应用覆盖天津生猪、奶牛、肉羊、蛋鸡、肉鸡五大畜种，覆盖 100 家规养殖场，建设 15 家（牛 6、羊 1、猪 5、禽 3）物联网示范企业，实现饲养环境自动监控、管理精细化和产品可追溯管理开发应用兽药等投入品监管远程服务、外埠畜产品监管和本地畜产品质量安全追溯等行业监管平台，实现实时管理（图 4-5）。通过示范应用和技术推广，形成物联网集成应用的典型解决方案和技术标准。

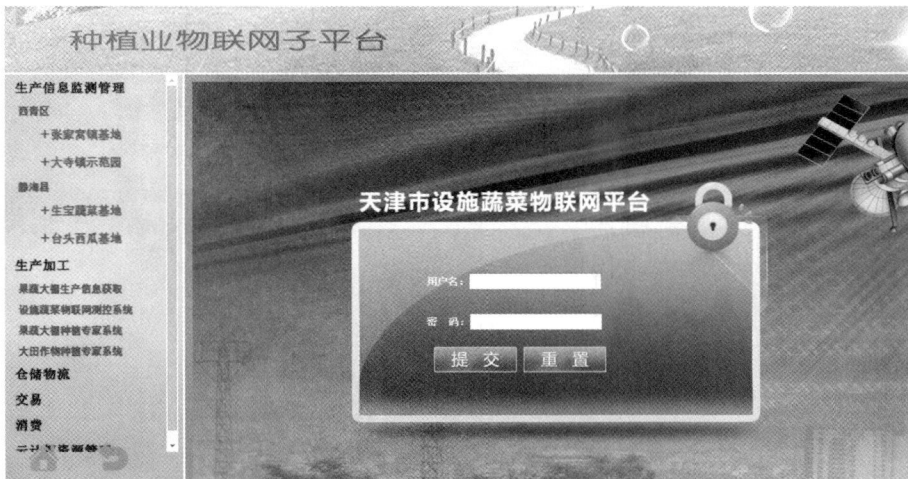

图 4-4 种植业物联网子平台

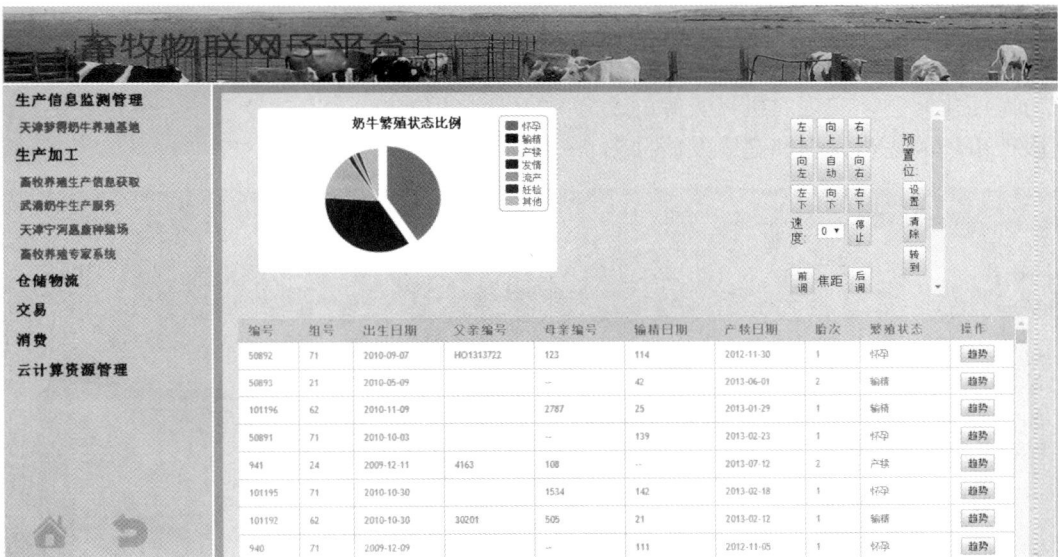

图 4-5 畜牧物联网子平台

渔业物联网示范平台：通过整合资源、拓展功能、延伸服务，建设天津渔业物联网子平台（图 4-6）。平台各组成部分都充分体现系统集成的思想，符合总体规划及长远发展，平台设计在一个较高的起点上充分保证系统的可伸缩性和可扩展性，并有一定的超前性。平台将尽最大可能，保持用户现有网络系统与应用系统，可与现有应用系统或将来的应用系统结合，实现多方统一管理功能，减少或避免用户重复投资，最终实现"基础数据一个库、业务管理一条链、应急指挥一盘棋、信息发布一张网"。

农机物联网示范平台：针对农机具作业的组织化、规模化、产业化发展需要，集成农机具定位、作业和工况信息的自动采集、农机具服务与需求的智能对接及面向广大农村路况的农机具优化调度等关键技术，建立天津农机物联网示范平台，解决农机具服务的社会

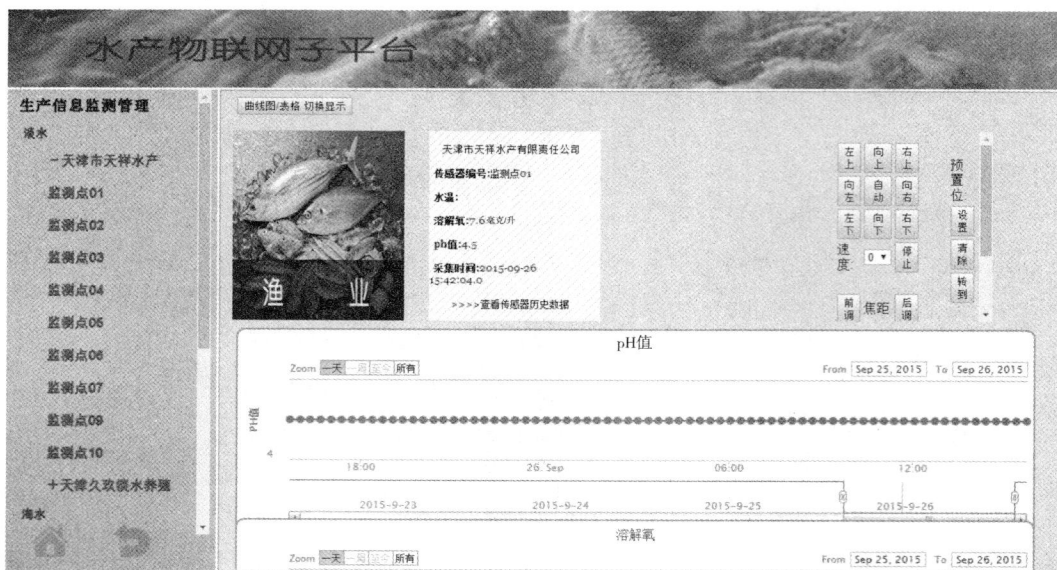

图 4-6　水产物联网子平台

化与有序化问题，实现农机具资源的充分共享，节约成本，提高生产效率，促进农机具作业服务市场的逐步完善和健康发展（图 4-7）。

图 4-7　农机与农资物联网平台

2. 生产经营物联网应用工程建设

（1）环境信息采集技术集成应用。在有一定规模的大型设施农业生产基地，针对日光温室和工厂化养殖小区农产品生产，利用环境因子自动监测设备与技术，采集各基地的动植物生长及病虫害相关的空气温湿度、土壤温湿度、溶解氧、pH、浊度等环境信息及视频监控数据，全方位获取农业生产各要素动态信息，包括实时的农作物生长信息、农作物环境信息、农产品信息、农资信息等，集成应用设施农业信息采集与监控技术、安全生产专家决策系统、远程智能控制系统等技术，对生产全过程进行信息采集、专家决策和智能控制，实现科学管理，为应用服务提供基础数据。

针对集约化海水养殖、工厂化淡水养殖和池塘养殖等多种养殖模式，采用 IEEE1451 传感器标准，引进开发应用溶解氧、pH、温度、浊度、盐度等各类水质传感器，实现水质参数信息的实时采集、智能监测。研究多参数水质传感器集成技术，集成溶解氧、温度、pH 等传感器，开发应用水产养殖水质智能感知系统。

（2）生命信感知技术引进与创新。

①生命信感知技术与设备引进。为了更好体现技术的先进性，积极引进消化吸收国外先进的作物生命信感知技术和设备，选择农业科学院创新基地等展示窗口，选取具备良好基础条件连栋温室研究示范无线生理生物监测系统。选取典型作物分别感知植物叶片温度、叶片湿度、果实膨大、茎秆增长、环境温度、湿度、土壤温度等信息，生理信息新型传感器在线监测植物的实际生长状况，通过无线方式传递给远程计算机，实现农作物径流、叶面温度、蒸腾量等作物关键生理生态信息在线获取。

②生命信息感知应用研究创新。引进研究红外遥感技术和图像识别技术，研究光合作用、蒸腾作用等植物生理规律，对植物早期病害和水分胁迫等情况进行预测。通过物联网实时传感采集和历史数据存储，摸索植物生长对温、湿、光、土壤的需求规律，提供精确的科研实验数据；通过对植物生理信息的解析和决策，使植物"说"出自己的真实需求，从而实现对植物生长环境的高效优化管理；通过智能分析与联动控制功能，及时准确地满足植物生长对环境各项指标的要求，实现即时灌溉决策与在线营养诊断。

（3）病虫害特征信息提取与预警防控。融合设施环境、视频、动植物生命感知信息，引进创新设施农业病虫害和水产主要病害特征信息提取技术，实现设施农业主要作物的重点病虫害和水产主要病害信息实时提取与预警、事前防治与控制。

①病虫害特征信息提取与预警技术研究。采用形状特征分析法和光谱特征分析法进行分类识别和田间在线识别，建立预警模型和模型库。结合利用物联网技术采集的气象数据、温室环境监测数据、作物生长动态信息，利用智能监测技术，结合传统监测手段监测气象环境与温室病虫害发生动态。根据设施实时监测数据，结合作物生长特性和相关病虫害发生、危害规律，建立病虫害预警与防控决策系统，为设施生产基地提供病虫害预警及基本设施管理、病虫害管理等实时决策信息服务，实现病虫害管理和温室操作调控等各个生产环节的预警、决策和农业技术指导。

②病虫害远程诊断与防控。利用移动通讯与视频通讯技术，建立动植物病虫害远程监控、会诊系统。规范天津动植物病虫害的检测方法，达到对动植物病虫害的准确快速远程诊断。对病患水生动物原始信息进行采集、进行图谱比对、初步诊断，并由指定的专家给出规范的诊疗方法。实现辅助诊断功能、区域会诊功能、规范用药控制功能、电子病历管理、统计分析功能、信息互动功能、网络疫情测报及统计功能。

3. 农产品质量安全追溯工程建设 开展农产品质量追溯，提供粮、菜、肉、鱼、奶、蛋从产地到餐桌的全程追溯，为食品安全提供技术支撑与保障。

（1）建立农产品质量安全综合监管平台。以天津主要农产品为应用对象，分析从农田环境、农产品初级生产、食品加工、流通及销售全供应链过程中影响食品质量的关键因素和控制点，从农田环境管理、电子档案管理、食品唯一性标志编码规范及标签打印（读写）、食品加工、流通管理、基于短信平台的食品质量快速溯源技术等关键技术问题入手，构建天津农产品质量安全综合监管平台，并根据供应链阶段建立生产环节子平台、加工环节子平台、流通环节子平台和消费环节子平台，实现基于农产品供应链的全程管理，面向消费者的多平台（网站、电话、手机短信）农产品质量追溯系统。

（2）广泛应用二维码、RFID技术。

①种植业方面。以放心菜基地管理信息平台为基础，二维码与RFID技术相结合，继续完善农产品质量安全追溯应用系统，实现10个区（县）、50个乡镇和138个基地的监管，监管体原配备16通道农残速测仪、农事信息采集手机、条码打印机、二维码扫描器等设备，实现生产档案全程在线采集管理，检测数据直接上传市级平台，基地在线审核监管。从蔬菜基地安全生产技术、管理规范、市场准入及产品质量全程监测系统等方面进行研究和示范，积极探索"从农田到餐桌"的全程监管新模式。

②畜牧业方面。建立放心肉信息管理平台，实现从动物养殖到出栏的全过程动态监管及可追溯管理，覆盖生猪、奶牛、鸡等全畜种。增加畜牧业统计监测预警系统，实现对畜牧生产情况、畜产品价格、市场需求等相关数据快速监测统计，通过统计结果分析市场趋势，做出预测预警发布。开发辅助决策系统，实行免疫保护期、疫苗使用、应急物资等预警和智能管理。完善动物及动物制品检疫监督综合管理，严控动物及动物制品流向，防止输入性疫病的发生。

③水产方面。启动放心水产品工程建设，由"放心水产品生产基地""电子信息平台""质量安全检测工作""放心水产品专营店"组成。一是建成水产品养殖规模化、生产标准化、管理制度化、监管信息化的"放心水产养殖基地"2万公顷（包括60万米^{2}工厂化养殖），年产量达到10万吨鲜活水产品；二是建成从生产过程至水产品上市销售全程现代化疫病监控系统；从投苗至水产品上市销售进行3次严格仪器检验制度；扩大、应用水产品质量安全物联网系统，建立覆盖全市水产品健康养殖企业及其无公害养殖基地、大型超市及王顶堤、金钟及各区县大型水产品市场和超市的天津水产品质量安全数据可查询、追溯网络平台，真正做到水产品可追溯、质量好。三是建设50家天津水产品专营店、柜台和直销餐饮店，均实现产品信息查询和追溯网络化。

4. 农产品电子商务示范工程建设　积极发展农业电子商务，促进农资和农产品流通体系的发展，拓宽农民致富渠道。重点培育3～5家典型电商企业，实现物联网技术在农产品电子商务中的应用；建设农业电子商务运营支撑平台；提升物流服务质量，完善产品质量监控，改善供应链管理，降低经营过程中农产品非正常损耗，提升农产品电子商务企业的综合服务能力。

（1）建设农业电子商务运营支撑平台。在现有农产品电子商务系统的基础上，整合和集成具有私极性、一定规模和实力的农民专业合作社、龙头企业、农产品批发市场、基地、电商企业等应用平台，构建集服务和交易为一体的天津农产品电子商务平台。平台提供B2B、B2C、C2C等功能。

（2）培育优质企业。引导、培育和扶持一批具有一定基础物联网应用企业和农产品电子商务试点企业，重点培育3~5家典型电商企业，深化现代农业生产组织与连锁超市挂钩的电子商务。

（3）探索服务模式。

①冷链宅配模式。建立冷链物流系统，实现对配送过程中的冷藏环境的温度、湿度和包括车辆行驶线路、车门开关情况、车辆停靠时间、车辆油耗等信息的全程监视与管理，降低农产品物流过程中的损耗。采用专业技术手段，加强采购管理、严格物流中心仓库作业、监控配送流程，使生鲜食品在采收、加工、包装、储存、运输宅配的整个过程中，不间断地处于适宜条件下，最大程度地保持生鲜食品质量的一整套综合设施和管理手段，实现始终处在低温环境下的一系列物流环节的冷链宅配。

②线上线下（O2O）模式。线上以电商平台为主体，线下走进社区建设"体验店"，既满足农产品展示和消费者体验，又成为物流配送站，实现快速方便，做到"当天订，次日达"的消费体验理念。

③会员定制模式。实行会员定制的购物模式，即先由会员在网站订购提交订单，再联系供应方采摘会员订购的蔬菜，最后由第三方物流配送至会员家中。

④农超对接模式。通过开展农产品电子商务示范工程，逐步构建"基地＋农民专业合作社＋超市"的产供销一体化经营体系，实现商家、农民、消费者共赢，组织天津农产品生产企业、农民专业合作社等大中型流通企业开展"农超对接"、农产品产销对接或专场对接会，逐步探索符合天津实际的农产品电子商务建设模式（图4-8）。

图4-8　农业电子商务平台

（4）深化农产品质量安全追溯服务。依托农产品质量安全综合监管平台，从原材料生产开始，在产品中嵌入溯源标签，并记录产品生产、加工、流通的整个过程，建立农产品档案电子化管理系统（图4-9）。通过物联网技术对产品在供应链中的流通过程进行监督和信息共享，并对产品在供应链各阶段的信息进行分析和预测，为示范电商企业提供分段追溯服务，提高企业对市场的反应能力。提供基于网站、邮件、短信等多种形式的溯源查询服务，使整个农产品供应链更加透明化，高效率。

图 4-9 质量安全追溯平台

（二）上海农产品质量安全监管试验区

上海是国际化大都市，农产品主要依靠外埠输入，保证农产品质量安全是一项重大民生工程，探索应用物联网技术开展农产品质量安全监管试验，对确保大中城市食品安全具有普遍意义。试验重点是农产品（水稻、绿叶菜、动物及动物产品）生产加工、冷链物流和市场销售等环节的物联网技术应用，借助无线射频识别技术和条码技术，搭建农产品监管公共服务平台，实现对农产品生产、流通等环节全过程智能化监控，有效追溯农产品生产、运输、储存、消费全过程信息。

（1）建设农产品安全生产管理物联网系统。集成无线传感器网络，研究生产环境信息实时在线采集技术，研究生产履历信息现场快速采集技术，开发农产品安全生产管理物联网系统，实现产前提示、产中预警和产后反馈。

（2）建设农业投入品监管物联网系统。在农业生产环节，建立水稻、绿叶菜等农产品田间操作电子化档案，对农业投入品进行规范管理，做到来源清楚，领用清晰，用量明确。

（3）农产品冷链物流物联网技术引进与创新。引进、消化国外农业物联网先进技术，在消化吸收相关技术基础上，研制集多种传感器、车辆定位、无线传输于一体的冷链物流过程监测设备，力争在稳定性、可靠性、低成本和低能耗方面有进展。开发农产品冷链物流过程监测与预警系统，实现基于物流过程的实时化监测与智能化决策。

（4）农产品全程质量安全监管物联网应用平台构建与服务模式创新。构建农产品质量安全监管综合数据库，开发农产品质量安全监管物联网应用平台，提供从农田到餐桌为主线的物联网综合应用服务，实现以追溯为核心的多方式溯源服务。培育农业物联网应用示范基地、示范企业与工程技术研究中心。积极探索商业化服务模式。

（5）农产品电子商务平台应用示范。以农产品电子商务平台建设为突破口，重点支持农产品电子商务与农产品追溯系统的深度融合，加快建设和推广从农产品生产至终端销售全程追溯的应用系统，搭建农产品产销服务信息平台。

（三）安徽大田生产物联网试验区

安徽是典型的农业大省，对保障国家粮食安全具有重要意义。试验以大田作物"四情"（苗情、墒情、病虫情、灾情）监测服务为重点，通过远程视频监控与先进感知相结合的农情数据信息实时采集、高效低成本信息传输和计算机智能决策技术的集成应用，实现大田作物全生育期动态监测预警和生产调度。

（1）建设大田作物农情监测系统。基于传感网数据采集，集成开发大田作物农情监测系统，实现对农田生态环境和作物苗情、墒情、病虫情及灾情的动态高精度监测。

（2）建立基于感知数据的大田生产智能决策系统。基于信息采集点感知数据，集成农业生产管理知识模型，开发大田生产智能决策系统，实现科学施肥、节水灌溉、病虫害预警防治等生产措施的智能化管理。

（3）建立基于物联网的农机作业质量监控与调度指挥系统。在粮食主产区，基于无线传感、定位导航与地理信息技术，开发农机作业质量监控终端与调度指挥系统，实现农机资源管理、田间作业质量监控和跨区调度指挥。

（4）构建集成于12316平台的大田生产信息综合服务平台。以12316平台为基础，集成现有信息资源和各类专业服务系统，构建大田生产信息综合服务平台，为农情监测、生产决策、农产品质量安全管理、农机调度、市场监测预警等农业生产经营活动提供全方位的信息服务。

（5）大田生产物联网技术应用示范区建设。在小麦、水稻等主产县（市、区）建设大田生产物联网技术应用示范区，开展"四情"监测预警、农业生产管理、农机作业调度等物联网技术应用示范，探索物联网在大田作物生产上的技术应用模式和机制。

（6）探索农业物联网应用模式。在设施蔬菜、畜牧、渔业、茶叶、水果等产业，依托国家级、省级现代农业示范区、龙头企业、省级农民专业合作社示范社和规模种养殖场开展农业物联网应用试点，探索适合不同种类农产品、不同类型农业生产经营主体的农业物联网应用模式。

第三节　农业电子商务示范工程

一、农业电子商务实施背景

农业电子商务是互联网条件下农产品销售、流通、服务的新型商业方式。农业电子商务能够方便消费者购物、促进生产者销售，还能拓宽农产品销售渠道，加快农业产业化进程，对农业生产经营方式产生深刻影响，是经济发展新常态下，加快转变农业发展方式的重要促进手段。加快发展农产品销售、农业生产资料销售、休闲农业服务为主要内容的农业电子商务，是推动农产品流通方式形成新格局、促进农民特别是贫困地区农民收入新增长、改善城乡居民新生活的重要社会服务方式，对全面建设小康社会意义重大。

我国对发展农业电子商务十分重视。早在 2014 年，财政部、商务部印发的《关于开展电子商务进农村综合示范的通知》中，明确提出按照工业化、城镇化、信息化、农业现代化总体要求，以农村流通现代化为目标，以电子商务示范县建设为抓手，充分发挥市场与政府合力，有效调动中央和地方两个积极性，重点依托供销合作社、邮政及大型龙头流通、电商企业，建设完善农村电子商务配送及综合服务网络，并探索建立有利电子商务在农村发展的体制机制和政策体系，引领电子商务在农村更大范围推广和应用，促进农村现代市场体系进一步完善。2015 年 5 月，国务院印发《关于大力发展电子商务加快培育经济新动力的意见》，提出积极发展农村电子商务，加强互联网与农业农村融合发展，引入产业链、价值链、供应链等现代管理理念和方式，研究制定促进农村电子商务发展的意见，出台支持政策措施。加强鲜活农产品标准体系、动植物检疫体系、安全追溯体系、质量保障与安全监管体系建设，大力发展农产品冷链基础设施。开展电子商务进农村综合示范，推动信息进村入户，利用"万村千乡"市场网络改善农村地区电子商务服务环境。建设地理标志产品技术标准体系和产品质量保证体系，支持利用电子商务平台宣传和销售地理标志产品，鼓励电子商务平台服务"一村一品"，促进品牌农产品走出去。鼓励农业生产资料企业发展电子商务。支持林业电子商务发展，逐步建立林产品交易诚信体系、林产品和林权交易服务体系。2016 年 8 月，农业部发布的《"十三五"全国农业农村信息化发展规划》，提出促进农业农村电子商务加快发展，要求加快发展农业农村电子商务，创新流通方式，打造新业态，培育新经济，重构农业农村经济产业链、供应链、价值链，促进农村一、二、三产业融合发展。实施农业电子商务示范工程，以省为单位，以企业为主体，重点开展鲜活农产品社区直配、放心农业生产资料下乡、休闲农业上网营销等电子商务试点，加强分级包装、加工仓储、冷链物流、社区配送等设施设备建设，建立健全质量标准、统计监测、检验检测、诚信征信等体系，完善市场信息、品牌营销、技术支撑等配套服务，形成一批可复制、可推广的农业电子商务模式。在农业农村信息化示范基地认定中强化农业电子商务示范。开展电子商务技能培训，在农村实用人才带头人、新型职业农民培训等重大培训工程中安排农业电子商务培训内容，与电商企业共同推进建立农村电商大学等公益性培训机构，组织广大农民和新型农业经营主体等开展平台应用、网上经营策略等培训。开展农产品电商对接行动，组织新型农业经营主体、农产品经销商、国有农场和农业企业对接电子商务平台和电子商务信息公共服务平台，推动农业经营主体开展电子商务，促进"三品一标""一村一品""名特优新"等农产品上网销售。

二、农业电子商务示范工程基础条件

根据第 40 次《中国互联网络发展状况统计报告》显示，截至 2017 年 6 月，我国网民规模达到 7.51 亿人，半年共计新增网民 1 992 万人，半年增长率为 2.7%。互联网普及率为 54.3%，较 2016 年底提升 1.1 个百分点（图 4-10）。

2017 年上半年，我国网民规模增长趋于稳定，互联网行业持续稳健发展，互联网已成为推动我国经济社会发展的重要力量。以互联网为代表的数字技术正在加速与经济社会各领域深度融合，成为促进我国消费升级、经济社会转型、构建国家竞争新优势的重要推动力。同时，在线政务、共享出行、移动支付等领域的快速发展，成为改善民生、增进社

图 4-10 中国网民规模和互联网普及率
（引自：CNNIC 中国互联网络发展状况统计调查）

会福祉的强力助推器。

截至 2017 年 6 月，我国手机网民规模达 7.24 亿人，较 2016 年底增加 2 830 万人。网民使用手机上网的比例由 2016 年底的 95.1% 提升至 96.3%（图 4-11）。

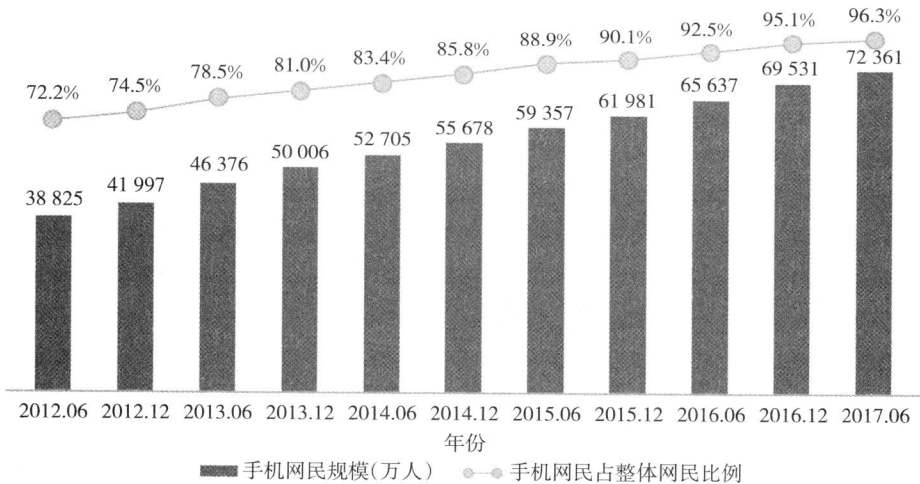

图 4-11 中国手机网民规模及占网民比例
（引自：CNNIC 中国互联网络发展状况统计调查）

截至 2017 年 6 月，我国网民中农村网民占比 26.7%，规模为 2.01 亿人；城镇网民占比 73.3%，规模为 5.50 亿人，较 2016 年底增加 1 988 万人，半年增幅为 3.7%（图 4-12）。

城乡互联网普及率持续提升，但城乡差距仍然较大。普及接入层面，农村互联网普及率上升至 34.0%，但低于城镇 35.4 个百分点；互联网应用层面，城乡网民在即时通信使用率方面差异最小，在 2 个百分点左右，但商务交易类、支付、新闻资讯等应用使用率方面差异较大，其中网上外卖使用率差异最大，为 26.8%。农村互联网市场的发展潜力依然较大（图 4-13）。

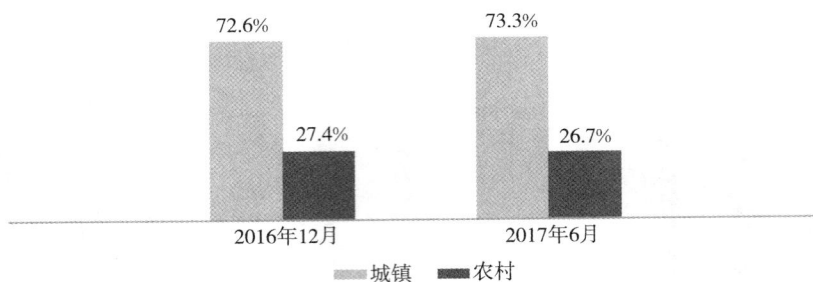

图 4-12 中国城乡网民结构

（引自：CNNIC 中国互联网络发展状况统计调查）

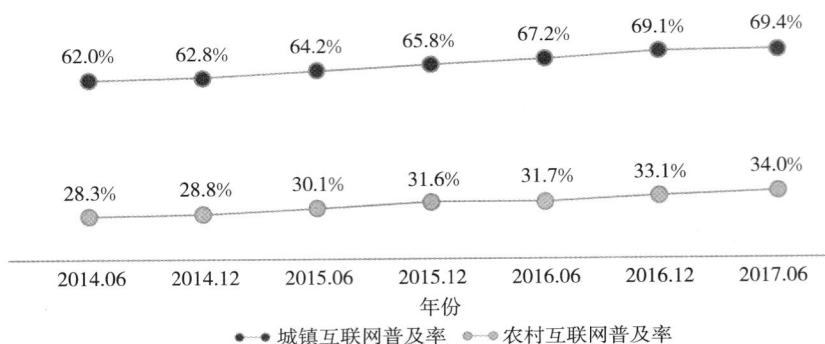

图 4-13 中国城乡互联网普及率

（引自：CNNIC 中国互联网络发展状况统计调查）

　　基础设施建设是农业电子商务交易的基础条件。农业电子商务的发展突破了地域的限制，让有竞争优势、有特色的农产品直接对接更加广阔的市场，满足不同地域的用户需求，形成双赢、可持续的农业电子商务业态，而电子商务的基础设施建设是农业电子商务成败的关键。综合以上可以看出庞大的用户群体和较好的网络普及率奠定了中国农业电子商务快速安全交易的基石。

三、农业电子商务实践

　　1. 国家层面　　2016 年 9 月，在苏州举行的"互联网+"现代农业工作会议暨新农民创业创新大会上，京东集团与农业部签署农业电子商务合作协议，双方将在农业优质资源产销衔接、精准扶贫、渠道下沉与信息进村入户、大数据研究与合作、乡村金融等方面展开全面合作，推动农业电子商务与现代农业发展，实现农业转型升级，帮助农民增收致富。

　　为充分发挥互联网电商平台对传统农业的拉动作用，农业部将与京东联手，对全国名特优产品、农业产业化龙头企业、现代农业示范区、国家农民合作社示范社等领域展开合作，着力培育一批优质、安全、知名、适销对路的农副产品品牌。双方还将通过产销对接片会、线上特产馆、高端农产品社区直供等手段，共同推动农业优质资源产销衔接。为加强农村地区电商发展，双方将共同推动在特色农产品优势产区的仓储配送体系建设，尤其是冷链运输等基础设施建设，以强化"仓配一体"服务能力。双方还将共同推动农村地区电商人才培训、乡村推广员体系建设、农资电商试点的工作。另外，双方将在产业扶贫、培训扶贫、用工扶贫等方面展开合作，帮助农村贫困地区脱贫致富。

针对农产品的生产、收购、加工、销售等多个环节的赊销、信贷等资金需求，京东农村金融将提供支持，为职业农民、新型农业经营主体等提供无抵押金融小额贷，开展乡村金融试点。双方还将在大数据领域展开合作，对食品、农产品及种业等农资电商流通监管服务平台建设和运营服务提供支持。京东作为国内领先的自营式电商，始终将"三农"问题作为践行企业社会责任的重要方向，自2015年初提出农村电商"3F战略"，从工业品下乡、农村品进城、农村金融3个方面推动农村电商发展，2016年初开始大力推动电商精准扶贫工作，扶贫工作在全国全面铺开。此次京东与农业部的战略合作，将进一步发挥京东电商平台优势，为国家农业领域发展做出自己的贡献。

2. 省级层面　目前，山东正在全力打造实施"互联网+"品牌工程，全方位支持优秀的老字号通过打通线上线下，让更多的老字号走出山东。截至2016年年底，山东省"中华老字号"和"山东老字号"企业数量达到219家。下一步，商务厅将会全力助推全省老字号企业在新形势下的改革创新发展。随着第四次零售革命的到来，互联网逐渐成为零售的基础设施，传统企业正通过拥抱互联网、拥抱电商，来不断提升自身运营效率，并实现新发展。数据显示，上半年，山东省电子商务交易额达到1.56万亿元，同比增长30.2%；网络零售额达到1 820.6亿元，增长39.6%；新增网络店铺7 046家。

2016年10月山东省政府与京东集团共同签订《战略合作框架协议》，根据协议双方将在农村电商、跨境电商、电商培训、电子商务智慧物流体系建设、互联网金融、"互联网+"政务等方面展开合作，共同打造商贸物流基地和电子商务产业体系。实施下岗产业工人再就业及探索"互联网+"医药卫生、"互联网+"金融、"互联网+"彩票、"互联网+"政府公共服务等11个领域开展战略合作。

为了充分利用京东平台营销优势助力山东"互联网+"品牌战略，全面助推山东老字号通过京东平台实现长足发展。2017年8月由山东省商务厅联合京东集团共同举办京东与山东老字号座谈会，京东方面详细介绍了京东对中华老字号企业的招商政策，同时对平台运营、物流开放业务等进行了详细解读。目的是为了支持老字号企业进行线上线下融合发展，从而能让这些传统企业在已经来临的第四次零售革命前，抓住新的机遇。而在不久前，山东省商务厅宣布将要在9月举办首届中华老字号（山东）博览会，同时，将加强与京东等企业的战略合作，推动传统企业进行线上线下融合发展。此次座谈会正是山东省商务厅率先推动与京东深入合作，助推老字号发展的第一个落地项目。京东是目前国内最为优质的电商平台之一，其庞大的中产阶级用户与自身全国领先的物流服务，都与山东省老字号走出去的定位十分吻合，希望山东老字号能在京东平台上大显身手。

截至2017年7月底，京东商城上线山东省区域特产馆已经达到37家，通过特产馆把山东的樱桃、苹果、大闸蟹、德州扒鸡等老字号及优质知名产品销往全国各地，在提高销量的同时，让更多的山东本土企业通过京东提高了自身知名度。目前，京东物流已实现在山东省内的全覆盖，为商家提供211限时达、次日达、极速达、夜间配和生鲜冷链等物流服务，山东老字号的产品通过京东物流最快在24小时即可送到国内主要城市。

青岛啤酒与京东合作半年内，其配送范围增长27%，配送时效提升40%，快递成本则下降了 35%，快递差评率下降 80%，同时其产品在京东旗舰店的销售额较上年同期增长了 584%。通过京东平台，让山东的优质产品走出去，并通过京东的开放赋能，提高山东老字号企业的竞争力。

第四节 全球农业数据调查分析系统建设工程

自 2011 年以来，大数据旋风以"迅雷不及掩耳之势"席卷中国。毋庸置疑，大数据已然成为继云计算、物联网、移动互联网之后新一轮的技术变革热潮，不仅是信息领域，经济、政治、社会等诸多领域都"磨刀霍霍"向大数据，准备在其中逐得一席之地。

大数据已经成为一种新兴的战略资源。大数据是一种以数据驱动农业现代化发展的新兴战略资源，通过与其他实体要素的耦合，能够进一步提高农业生产力。随着信息技术进步的加速，未来数据将同物质、能量一样，成为现代农业转型升级的重要动力。从目前的发展与应用来看，大数据仍是一个非常年轻而富有前景的研究领域，在资源效率提升、生产布局优化、产业安全监管、市场有效引导等方面已经展现了强大的能力。没有信息化就没有农业现代化，所以，要重视大数据时代的到来，加强理论与方法的深入研究，发挥大数据的驱动作用，助力信息化成为现代农业发展的制高点，帮助现代农业实现弯道超车。

一、农业农村大数据发展和应用的重要意义

1. 农业农村大数据已成为现代农业新型资源要素 当前，大数据正快速发展为发现新知识、创造新价值、提升新能力的新一代信息技术和服务业态，已成为国家基础性战略资源，正成为推动我国经济转型发展的新动力、重塑国家竞争优势的新机遇和提升政府治理能力的新途径。农业农村是大数据产生和应用的重要领域之一，是我国大数据发展的基础和重要组成部分。随着信息化和农业现代化深入推进，农业农村大数据正在与农业产业全面深度融合，逐渐成为农业生产的定位仪、农业市场的导航灯和农业管理的指挥棒，日益成为智慧农业的神经系统和推进农业现代化的核心关键要素。

2. 发展农业农村大数据是破解农业发展难题的迫切需要 我国已进入传统农业向现代农业加快转变的关键阶段。突破资源和环境两道"紧箍咒"制约，需要运用大数据提高农业生产精准化、智能化水平，推进农业资源利用方式转变。破解成本"地板"和价格"天花板"双重挤压的制约，需要运用大数据推进农产品供给侧与需求侧的结构改革，提高农业全要素的利用效率。提升我国农业国际竞争力，需要运用大数据加强全球农业数据调查分析，增强在国际市场上的话语权、定价权和影响力。引导农民生产经营决策，需要运用大数据提升农业综合信息服务能力，让农民共同分享信息化发展成果。推进政府治理能力现代化，需要运用大数据增强农业农村经济运行信息及时性和准确性，加快实现基于数据的科学决策。

3. 发展农业农村大数据迎来重大机遇 我国农业农村数据历史长、数量大、类型多，但长期存在底数不清、核心数据缺失、数据质量不高、共享开放不足、开发利用不够等问题，无法满足农业农村发展需要。随着农村网络基础设施建设的加快和网民人数的快速增长，农业农村数据载体和应用市场的优势逐步显现，特别是移动互联网、云计算、大数

据、物联网等新一代信息技术的快速发展，各种类型的海量数据快速形成，发展农业农村大数据具备良好基础和现实条件，为解决我国农业农村大数据发展面临的困难和问题提供了有效途径。

二、全球农业数据调查分析系统工作开展情况

1. 海外农业数据中心初步建成　为发挥中国农业科学院科技优势和国家农业智囊团作用，推动农业走出去，2016年1月21日，中国农业科学院海外农业研究中心（以下简称海外中心）正式揭牌。海外中心的成立将为跨部门的合作提供重要平台，要通过大联合与大协作，加强海外研究与信息共享，建立金融、税收和保险等支持机制，降低海外投资的自然灾害、价格、政治和法律等风险。

海外中心是中国农业科学院农业科技"走出去"的公共平台，采用"小核心，大网络"组织方式，通过整体布局、任务牵引、协同创新、项目驱动等方式实现联合集成、交叉研究与综合提升，致力打造国家级农业对外合作集散地、经济政策智囊团、海外信息服务器和海外农业人才库。

2016年11月16日，中国农业科学院海外研究中心借助全球农业数据调查分析系统和农业对外合作公共信息服务平台建设，集合科研院所、高等院校、农业企业等组建全球农业大数据与信息服务联盟，该联盟对于加快推动农业对外合作，建立健全海外农业大数据分析平台，不断创新服务模式和服务机制至关重要。联盟的主要工作包括：①以平台和联盟为依托，围绕农业对外合作需求，逐步建立起信息资源共建共享机制，全面服务国家战略；②加强关键技术研发的针对性，针对重点国家、重点市场，通过与国内外相关科研力量协同创新，集中力量突破关键性技术；③建立科技合作机制的长效性，打造面向全球的技术服务平台，建立健全农业对外合作的技术咨询与转化机制；④突出科技合作平台的功能性，立足农业联合实验室、技术试验示范基地和科技示范合作园区等载体，发挥企业主体作用，开展共同研发、技术培训、科研成果示范等活动；⑤加强农业对外合作公共信息服务平台建设，全面系统开展海外农业信息调查与挖掘利用，为企业提供更多更好更及时的信息。

2. 农产品加工业监测预警工作取得良好成效　为及时、全面、准确把握行业发展动态，充分发挥信息对行业发展的引导作用，2010年，农业部农产品加工局启动了农产品加工行业监测分析与预警工作。按照"边探索、边建设、边运行、边出成果"的原则，不断健全工作机制，加强深入分析与突发事件预警，取得了良好的成效，为下一步工作奠定了坚实基础。

（1）工作成效。经过两年多的探索与努力，建立了定期分析与专题预警相结合的方法制度，组建了专家分析与会商队伍，搭建了信息采集汇总平台，对重点行业、重点品种开展了监测分析，对部分行业结构性产能过剩的问题进行了预警发布，在业内产生了较大影响。2013年以来，对热点问题和突发事件快速反应，组织专家会商，形成预警信息，为宏观决策提供了参考，在社会上引起关注。

监测分析与预警工作的开展，对推动农产品加工业发展具有重要意义。一是全面、准确、及时了解行业情况的重要窗口。季度、年度分析报告定期反映了行业的发展态势、突

出问题及政策需求等重要信息，成为了解行业动态的重要内容。二是引导行业持续健康发展的重要手段。通过分析问题、提出建议，对政府职能部门调整工作思路、重点及方法，对企业采取针对性的应对措施，起到了潜移默化的引导作用。

（2）主要做法。在不断的探索与实践中，逐步建立了一套适用的方法制度，积累了宝贵的经验，为监测预警工作的顺利开展提供了保障。

①4类报告相结合。确立了月度、季度、年度、专题报告相结合的工作方法，确定了较为规范的报告框架和基本格式，对各部分内容提出了具体要求。月度报告是以经济数据为基础的宏观运行分析；季度报告是以短期发展特点为主的重点分析；年度报告是全面总结原料、加工、市场、技术、政策等情况的综合分析；专题报告是针对行业内热点问题和突发事件的预警分析。4种报告相结合，既保证了对行业发展态势的跟踪监测，又实现了对突发事件的快速反应。

②多部门协调配合。建立了技术专家、经济专家、行业协会、政府职能部门协调合作的工作机制。技术专家从专业角度对行业发展状况进行分析，经济专家从市场、贸易等角度补充完善，行业协会从把握运行特点和态势方面提出建议，农业部农产品加工局结合政府职能、宏观政策等修改、把关，使分析报告内容丰富、全面，又具备农产品加工特色。

③多项制度联合保障。一是数据管理制度。建立核心指标数据库与分析平台，实现数据汇总、查询、分析等功能，为监测报告提供基础数据支撑。二是专家会商制度。为提高报告质量，邀请技术、经济、协会、企业等方面的专家针对行业发展情况及热点问题、突发事件进行研讨会商。三是企业监测点制度。以蜂产品加工行业为试点，建立了企业信息监测点，扩大数据来源。四是预警信息发布制度。2012年以来，通过几次预警信息的发布，基本确定了发布渠道与信息格式，并采取了与相关单位联合发布的方式，扩大信息影响力。

3. 农业数据采集、分析工作取得重要进展

（1）农业信息分析及预警不断推进。近年来，农业部农业信息服务技术重点实验室为农业部承担猪肉、奶类、饲料、禽蛋、水果、蔬菜、牛羊肉、禽肉等8个农产品生产、消费、市场动态的监测预警研究工作。完成主要农产品价格上涨、突发事件、临时性任务相关专题研究报告多份。通过《市场信息工作简报》《农产品供需形势分析月报》《农产品市场聚焦》《农业农村经济重要数据月报》《农产品监测预警交流专刊》等方式为领导部门提供决策咨询。

（2）国家科技支撑项目课题"农产品数量安全智能分析与预警的关键技术及平台研究"成果显著。通过前期对国内外发展动态、技术前沿等资料的收集与相关调研工作，组织研究力量集中突破了农产品生产风险因子早期识别技术、生产风险评估技术、农产品消费替代效果评估技术、农产品消费与生产协调度测定技术、农产品市场价格短期预测技术、农产品市场价格传导模拟技术、农产品信息标准化技术等7项智能分析与预警关键技术，研究开发了农产品生产风险早期识别及预警系统、农产品消费需求量预测系统、农产品市场价格短期预警系统3类智能分析与预警系统，构建了农产品数量安全智能分析与预警平台。

（3）"十二五"国家科技支撑计划项目《基于物联网技术的农业智能信息系统与服务平台》正式启动。该项目将围绕我国发展现代农业所面临的战略需要，针对农业生产、市场流通等领域存在的突出问题，运用以物联网技术为代表的现代信息技术，开展农业生产、流通和消费全过程、全环节的智能化信息服务关键技术创新、设备研制、平台研建，并研发跨区域、跨平台匹配的管理决策分析和农产品产销全程服务平台系统，研制信息采集与服务终端产品，为提升我国农业信息化水平提供技术支撑。

（4）便携式农产品市场信息采集器（以下简称农信采）推广应用效果显著。中国农业科学院信息研究所与清华大学合作，成功研发出基于 windows mobile 系统的专用农信采和手机农信采。该设备综合运用 GPS、GPRS、3G、图片分析等现代信息技术，嵌入了 2 个农业部有关全息市场信息行业标准，实现了自动定位、现场采集，简单输入、全息信息，即时传输、智能处理，标准采集、自动纠错等基本功能；同时，通过与后台"中国农产品市场监测预警系统"（CAMES 系统）的有效关联，实现了采集信息的即时展示、监测分析、智能预警。"便携式农产品市场信息采集器（农信采）"现已在天津、河北、湖南、广东、福建 5 省份开展推广应用工作。目前，在 5 省份选择田头市场、批发市场、超市零售市场、摊点零售市场 4 类 50 余个农产品市场，作为"便携式农产品市场信息采集器"推广应用的示范点。各示范点均安排专人负责每天实地采集市场价格信息并实时报送，每月上报数据约 2 万条，为农产品价格监测预警工作提供了有力保障。

（5）中国农产品市场监测预警模型研究取得进展。中国农产品市场监测预警模型（CAMES）整体模型框架已经形成。总体上来讲，CAMES 要等同于甚至优于 ERS/USDA 的大型系统。其特点是，监测预警的农产品种类多、品种全，涵盖 11 大类 953 个农产品品种；监测预警的空间分布广、区域性强；监测预警时期包含短期、中期和长期；监测预警模型涵盖气象、投入和管理等影响因子。

（6）开展作物生长监测仪研发。2012 年，中国农业科学院信息研究所与扬州大学、大唐电信、北京科技大学等单位合作，开展作物生长监测仪研发项目。该项目针对响应国家粮食安全对当前农业科技工作的重大科技需求，服务和支撑我国主要粮食作物（水稻、小麦）大面积高产与资源高效利用的技术体系的创新。项目所形成的物化产品开发应用成果对于促进农业科技进步和提供重大科技贮备应用均具有重要的战略意义（图 4-14）。

图 4-14　中国农业展望大会

三、山东实践

2013年6月18日，山东农业大数据产业技术创新战略联盟成立。这个由政府、高校、科研单位、企业等山东省内外22家成员单位组成的联盟将通过加强对农业相关信息和数据的分析研究，为政府决策、产业发展提供更多的服务和支持。

农业大数据是发展现代农业的重要支撑。通过组建农业大数据产业技术战略联盟，用农业大数据指导未来农业的发展，这是一个极其重大和重要的工作。对大数据而言，比"大"更为重要的是农业大数据的应用，要积极开展农业大数据的示范推广，为政府部门科学决策提供借鉴参考，指导农业科研和生产，为现代农业发展提供有力的科技支撑。要加快形成推进农业大数据产业发展的合力，充分依托山东在计算机和信息技术方面的现有资源，增强共享意识，提高工作效率，建立良好的运行机制和工作机制，使其发挥更大的作用。

联盟将采用大数据研究手段，在搜集、存储气象、土地、水利、农资、农业科研成果、动物和植物生产发展情况、农业机械、病虫害防治、生态环境、市场营销、食品安全、公共卫生、农产品加工等诸多环节大数据的基础上，通过专业化处理，对海量数据快速"提纯"并获得有价值的信息，为政府、企业乃至各种类型单位的决策和发展提供支持，为公众提供便捷的服务。"农业大数据产业技术创新战略联盟"的成立，填补了国内在农业领域应用大数据研究手段的空白。

联盟成员单位将充分利用各自优势，开展大数据研究与开发服务，将在推动农业生产健康发展和新农村建设等方面发挥更大的作用。通过大数据在山东农业领域的研究和应用，将进一步提升山东农业大数据科研、服务水平，为联盟成员的发展提供全方位的决策咨询，为政府宏观决策和发展规划提供决策支持，推动山东农业健康有序发展，保障民生，提升农业的核心竞争力。

在信息化快速发展的今天，数据已不再作为一种量化的数字而存在，它已经成为投资者眼中闪闪发光的资产。无论是政府部门、企业，乃至个人在享受着数据带来的便捷的同时积极地想要把数据转化成他们所需要的资产。

2012年3月奥巴马政府宣布投资2亿美元拉动大数据相关产业发展，将"大数据战略"上升为国家意志。奥巴马政府将数据定义为"未来的新石油"，并表示一个国家拥有数据的规模、活性及解释运用的能力将成为综合国力的重要组成部分，未来，对数据的占有和控制甚至将成为陆权、海权、空权之外的另一种国家核心资产。《大数据时代》的作者维克托·迈尔·舍恩伯格曾在中国演讲时表示：大数据是看待现实新的角度，不仅能够改变市场营销，还会改变生产制造，改变我们从事商业的方式，因为数据不再说你能不能做，而是数据本身就是唯一的资源，就是一个价值资源和来源，对我们来说意味着新的商业机会，没有哪一个行业有这种竞争的免疫能力，包括医疗、学习，所有的机构无一幸免。任何行业都必须要能够适应大数据，它确实可以称得上一次革命。可见，在大数据时代已经到来的时候，要用大数据思维去发掘大数据的潜在价值。

第五节 农业政务信息化深化工程

电子政务即 electronic government（government online），这一概念最早起源于美国。在 20 世纪 90 年代初期，由克林顿政府提出，并认为应当通过先进的信息网络技术，克服美国政府在管理和其所提供服务方面所存在的问题。此后，随着美国政府对电子政务服务的建设及推广，越来越多的民众及国家接受了电子政务这一概念。

农业电子政务的实质是应用信息技术及信息理论，实现政府农业部门工作制度与管理的创新，以优化服务质量、提高服务效率。随着农业电子政务网站建设水平的发展，专家学者对农业电子政务网站的描述亦更加全面，梁一军认为，农业电子政务是农业部口应用现代信息和通信技术，将管理和服务通过网络技术进行集成，实现农业部口组织结构和工作流程的优化重组，超越时间、空间与部口分隔的限制，全方位地向社会提供优质、规范、透明、符合国际水准的管理和服务。

农业电子政务的主要面对对象为农业、农村、农民，这部分对象具有一定的特殊忄生，所以农业电子政务能够促进农业科技信息的普及、推动基层民主、促进农民增收、推进农业发展等作用。目前，我国农业电子政务主要有 3 个特点，第一，网上农业政务信息内容丰富；第二，重视地方经济信息；第三，重视政府与涉农公民、企业的互动。

一、"互联网+"政务打造智慧型政府

目前，信息化水平已成为衡量一个国家综合国力和竞争力的重要标志，利用信息技术推动电子政务也已成为实现国家治理体系和治理能力现代化目标的重要条件。"互联网-"政务在提高政府行政效率，提升政府公共服务能力方面起到越来越重要的作用。

1. 提高政府行政效率，降低行政成本 "互联网+"政务主要是借助云计算、大数据技术推动政府搭建智慧城市平台，让百姓享受信息技术带来的便捷服务。今年新浪与阿里巴巴集团联合，将在全国 50 多个城市搭建智慧城市服务平台，约 1 亿市民有望在淘宝、支付宝、新浪微博上进行违章查询、缴纳罚款、预约挂号、查询、缴纳社保、结婚登记等多项政务服务。简单地说，大家只需通过手机就可以完成出入境证件、社保、户籍、营业执照办理等事项，这样就减轻了政府窗口的工作压力，工作效率也更高效。

"互联网+"政务与以往提出的搭建政府网站、政府平台完全不同。有一些政府网站，信息更新滞后，而且各个职能部门间的数据互不来往，单打独斗。"互联网+"的落地，不仅要把所有信息打通，而且让政府随时随地为个人提供政务服务成为可能，这将彻底改变政府的工作效率和节奏。

2. 提升政府公共服务能力 "互联网+"政务创新是政府管理创新的先导。"互联网+"政务，不是简单地将传统的政府管理事务原封不动地搬到互联网上，而是在流程优化的基础上，用全新的方法和程序去完成原有的业务功能。

传统的政府机构条块分割，政务流程复杂且地方分散，整个业务数据流不得不按地理位置和人力分配被分割在多个部门，从一个部门转到另一个部门，增加了交接环节和复杂程度。互联网+政务将打破政府部门的条块式划分模式、地域、层级和部门限制，为政府

业务流程的重组和优化提供全新的平台，使得提供更完备、全面、无边界的服务成为可能。

市民只需通过移动终端便可获得政府的相关信息和相关服务，只需要通过点击屏幕就能获得全程服务，即通常所称的"一站式"服务。"互联网+"政务能够摆脱时间、空间条件的限制而获得政府的线上服务。政府扮演着服务者的角色，而不再是从前的管理者、控制者，公众则从被管制者转变成为被服务者，成为"用户"。

这只是"互联网+"政务的第一步，真正的挑战在于如何通过"互联网+"政务的结合，建立一套完整的体系，整合原本割裂在不同部门的数据，并加以分析，生成政务数据，把数据转化成生产力，用于改善公共服务，指导决策。

二、"金农工程"推动农业政务信息化深入

"十一五"期间，农业部按照做大一个国家农业数据中心、做强一个国家综合农业门户网站、完善一个农业电子政务支撑平台的总体要求，组织实施了"金农工程"一期项目。截至目前，国家农业数据中心已完成建设任务，农业监测预警系统、农产品及农资市场监管信息系统已投入使用，动物疫情防控系统等10多个电子政务信息系统正陆续上线运行，以中国农业信息网为核心、集30多个专业网为一体的国家农业门户网站群初步建成。

与此同时，地方建设有序推进。全国31个省级农业部门、超过3/4的地级和近一半的县级农业部门都建立了局域网和农业信息服务网站。在此基础上，农业部从2009年开始推进"金农工程"的标准化建设，确立了8大体系32项标准的主要内容，并开展了相关培训工作，及时指导规范地方项目建设。随着"金农工程"的实施，各级农业部门网站内容不断丰富，政务信息发布功能日益完善。中国农业信息网在原有履行农业部政务公开职能的政务版之外，增加了履行农业综合信息服务职能的服务版，强化了信息服务功能，扩大了信息服务范围。

在线审批和服务功能也在不断加强。农业部不断深化行政审批制度改革，以"便民、高效、规范、廉洁"为服务宗旨，积极探索推进行政许可网上审批工作，促进行政审批制度改革向纵深方向发展。部分地区农业相关部门也围绕构建高效、廉洁、服务型政府，初步实现了农业行政服务的信息化、专业化与标准化。

第六节　信息进村入户工程

一、信息进村入户工程开展情况

信息进村入户是发展"互联网+"现代农业的一项基础性工程，也是当前的突出"短板"，对促进农业现代化，缩小城乡差距意义重大。党中央、国务院高度重视信息进村入户，2014年以来连续四年中央1号文件和《国务院关于积极推进"互联网+"行动的指导意见》都对信息进村入户作出战略部署，提出明确要求。

农业部按照2014年中央1号文件有关推进信息进村入户的部署要求，加快完善农业信息服务体系，重点在基层推进农业信息化。2014年5月农业部制定《关于开展信息进

村入户试点工作的通知》（农市发〔2014〕2号）及《信息进村入户试点工作方案》并在北京，辽宁、吉林、黑龙江、江苏、浙江，福建、河南、湖南、甘肃等10省（市）的22个县整县推进正式启动信息进村入户试点工作。2015年中央1号文件继续强调"推进信息进村入户"。在已开展试点的10个省份中新增试点县（市、区）51个，同时新增天津等16个试点省份。目前试点范围已扩大至26个省份、116个县（市、区、团、场），建成运营益农信息社2.4万个，累计提供公益服务630万人次，开展便民服务1亿人次，涉及金额39亿元，实现电子商务交易额21亿元。

2016年11月10日农业部为集聚资源全面推进信息进村入户工程，加快农村信息化服务普及，以信息化引领驱动农业现代化加快发展，培育改造提升"三农"新动能，而出台《农业部关于全面推进信息进村入户工程的实施意见》（农市发〔2016〕7号），确保到2020年实现基本全覆盖的目标，把信息进村入户工程推向新阶段、取得新成效。已在26个省份116个县开展了试点工作探索出一套较为可行的制度机制，为加快农业现代化建设、促进农民增收致富、助力城乡一体化发展发挥了重要作用。各试点地区结合自身实际，创新开展试点工作，取得了明显成效，形成了多元持续推进的良好态势。

二、信息进村入户工程主要任务

1. 整省推进信息进村入户工程 农业部通过加强顶层设计，研究制定方案，建设运行国家信息进村入户公益平台，先建后补、奖补结合，带动各省份分批次整省实施信息进村入户工程。在当地党委政府的领导下，各省级农业部门牵头本地区建设方案，会同有关部门组织电信运营、电子商务、邮政快递、金融机构、新型农业经营主体和社会化服务组织等相关企业单位，全面推进本省信息进村入户。整省推进地区要明确建设运营主体，采用"民建公补、公管民营"的方式，按照"有场所、有人员、有设备、有宽带、有网页、有持续运营能力"的标准，重点建设好益农信息社，确保网络全覆盖、服务无盲区、运营可持续，实现普通农户不出村、新型农业经营主体不出户就可享受便捷高效的信息服务。

2. 创新信息进村入户推进机制 充分发挥市场配置资源的决定性作用和更好发挥政府作用，深入推进相关领域"放管服"改革，完善"政府＋运营商＋服务商"三位一体发展模式，构建政府推动力、市场活力、社会创造力相依相进的动力机制，依靠公益服务聚人气，实现商业服务可持续。统筹各方资源、加强部门协同，健全政府与运营企业的合作机制，优化运营企业与益农信息社一体运作、共建共享、风险共担的利益机制，构建部省共建、省级统筹、县为主体、村为基础、社会参与、合作共赢的监管体制和市场化运行机制。各推进地区以省为单位，坚持创新发展，按照现代企业制度的改革取向，探索建立产权清晰、权责明确、诚信守法、有经济实力和运营活力的建设运营企业，不断完善了信息进村入户市场化运营机制。

3. 完善农村基层信息服务体系 整省推进地区充分利用现有农村基层服务设施和条件，引导企业等各种社会力量积极参与建设运营，发挥市场主体在技术、人才、资金和信息基础设施等方面的优势，支持科研机构、企业研发信息系统和终端产品。加强村级信息员选聘培育，优先从返乡创业农民工、大学生及有志于从事信息服务的农村青年中选聘了信息员。利用农村实用人才带头人、新型职业农民培育等现有培训项目资源以及12316服务体系、农民手机应用技能培训，将传统手段与现代手段相结合，开展全方位、多元化、立体式的培训。选择基础条件好、辐射带动能力强的地区，建设信息进村入户区域培训中心。积极利用信息进村入户平台，加快农业科技成果转化应用，为农民提供精准、实时的农技推广服务。依托信息进村入户，加强现代信息产业新技术、新产品的发布推广和培训体验服务。探索创新信息采集方式，开展农业生产、农村经济运行信息的采集、监测，完善基础信息数据库，运用大数据技术深度挖掘分析，为广大农民提供信息服务，为政府决策提供信息支撑。

4. 加快构建综合信息服务平台 整省推进地区通过行政、技术、市场等手段，探索农村地区公共服务资源接入方式，推动服务资源的数据化和在线化，创新服务资源融合共享机制。以国家信息进村入户公益平台为基础，逐步整合现有各类农业信息服务系统。加强12316公益服务能力建设，加大涉农部门信息资源和服务资源整合力度，加快公共服务体系与基层农业服务体系融合，为农技推广、农产品质量安全监管、农机作业调度、动植物疫病防控、测土配方施肥、农村"三资"管理、政策法律咨询等业务体系提供服务农民的信息通道、沟通手段和管理平台。引导气象、交通、教育、文化、科技、医疗、就业、银行、保险、电信、邮政、供销等涉农资源信息接入，有效对接全国党员干部现代远程教育网络、农村社区公共服务设施和综合信息平台，推动涉农服务事项一窗口办理、一站式服务。

5. 建立健全制度规范和监管体系 农业部会同有关部门制定了建设运营、资源共建共享、风险防控、延伸绩效考核等方面的制度规范，指导各地有力有序有效开展工作。整省推进地区研究制定了益农信息社管理办法，建立益农信息社登记、备案及管理考核制度，研究制定村级信息员选聘、培训、管理、考核办法，建立信息进村入户服务规范，明确公益服务职责、商业服务内容及标准、法律责任，加强网络和信息安全防护能力建设，有效防控技术风险、经营风险和法律风险，确保信息进村入户工程安全规范推进和运行。整省推进地区坚持以目标为导向，强化制度执行，强化过程监督管理，严格激励约束，严格责任落实，将信息进村入户工程纳入地方党委政府绩效考核指标体系或单独进行绩效考核，确保了监管有效、风险可控。

第七节　农业信息化科技创新能力提升工程

农业部加大力度建设和完善农业信息技术学科群，新增了农业物联网、大数据、电子商务、信息化标准、农业信息软硬件产品质量检测、农业光谱检测技术、农作物系统分析与决策、农产品信息溯源技术、牧业信息技术、渔业信息技术等10个专业性重点实验室，在西北、东北、黄淮海、华南、西南、热作等地区新增6个区域性重点实验室，加强野外实验站建设，各省加强省级农业信息化重点实验室、工程中心、试验台站的建设，不断加强学科体系建设和科技创新环境建设。在现代农业产业技术体系中加强农业信息化工作。与相关部委联合，在"十三五"国家重点研发计划中增列一批农业信息化科技攻关项目，鼓励各省农业部门和科技部门，加大农业信息化项目研发，突出加强农业传感器、动植物生长优化调控模型、智能作业装备、农业机器人等关键技术和系统集成研究，突破一批农业信息化共性关键核心技术，形成一批重大科技成果，制订一批技术标准规范。积极利用两院院士增选、千人计划、万人计划、长江学者、杰出青年等国家人才计划和省部级人才计划，加大农业信息化领军人才和创新团队培育力度，不断提升农业信息化创新能力和产业支撑能力。

第八节　农业信息经济示范区建设工程

依托国家现代农业示范区，采用政府引导、市场主体的方式，线上农业和线下农业结合，实体经济和虚拟经济结合，建立了一批示范效应强、带动效益好，具有可持续发展能力的农业信息经济示范区。全面推进农业物联网、农业电子商务、农业农村大数据、信息进村入户和12316公益服务等信息技术和系统的综合应用与集成示范。完善互联网基础设施，搭建信息服务平台，强化互联网运营和支撑体系，着力实施产业提升工程，努力探索信息经济示范区建设的制度、机制和模式。推进互联网特色村镇建设，构建区域综合信息服务体系对接农业生产、经营、管理、服务、创业，推动农林牧渔结合，种养加一体，一、二、三产业融合发展，推进线下农业的互联网改造。重点开展的重大工程包括：

一、农业物联网区域试验工程

通过大力推进物联网在农业生产中的应用，在国家现代农业示范区率先取得突破；建成一批大田种植、设施园艺、畜禽养殖、水产养殖物联网示范基地；研发一批农业物联网产品和技术，熟化一批农业物联网成套设备，推广一批节本增效农业物联网应用模式，加强推广应用。重点加强成熟度、营养组分、形态、有害物残留、产品包装标志等传感器研发，推进动植物环境（土壤、水、大气）、生命信息（生长、发育、营养、病变、胁迫等）传感器熟化，促进数据传输、数据处理、智能控制、信息服务的设备和软件开发。研究物联网技术在不同产品、不同领域的集成、组装模式和技术实现路径，促进农业物联网基础理论研究，探索构建国家农业物联网标准体系及相关公共服务平台。推进农业生产集约化、工程装备化、作业精准化和管理信息化，为农业物联网广泛推广应用奠定基础。

二、农业电子商务示范工程

探索农产品、农业生产资料、休闲农业等不同类别农业电子商务的发展路径。融合产业链、价值链、供应链，开展鲜活农产品网上销售应用示范。培育农业电子商务应用主体，推进新型农业经营主体对接电商平台。开展鲜活农产品、农业生产资料、休闲农业等电子商务试点。构建农业电子商务标准体系、进出境动植物疫情防控体系、全程冷链物流配送体系、质量安全追溯体系和质量监督管理体系。

三、信息进村入户工程

加大信息进村入户试点力度，2016年覆盖所有省份，并在试点县中认定一批示范县；2017年试点范围扩大到1/10以上的县；2018年覆盖10万个以上行政村，并在东部、中部、西部地区，选择信息进村入户基础较好县（市），建立标准化、可复制的县级服务站点 100 个，辐射带动建设村级信息综合服务站 20 000 个。建设全国信息进村入户平台，完善农产品生产信息服务、农业科技信息服务、农产品消费信息服务、农产品市场信息服务、农村生活服务类通用服务系统和 APP。探索政府引导、市场主体的市场化运营模式，培育一批信息综合服务的运营企业、服务企业，培育一批能服务、会经营的信息应用主体，助力精准扶贫。

四、农机精准作业示范工程

开展农机智能监测终端和智能化农机作业装备的产业化应用，构建区域性农机全程精准作业运维服务平台，依托"互联网+"创新模式，促进互联网与农机作业融合，研制定型产品 15 个以上，在全国推广应用 20 000 套以上，探索公益性和商业化应用相结合的可持续发展应用模式，平台服务农机 30 000 台以上，推广应用面积 7 000 万亩，推进"互联网+"农机精准作业模式的创新发展，促进我国农机装备信息化产业链的发展，带动传统产业升级改造。

五、测土配方施肥手机信息服务示范工程

结合"到 2020 年化肥使用量零增长行动"和测土配方施肥工作的开展，选择一批条件较好的县，以玉米、水稻、小麦、蔬菜、果树等作物为主，开展测土配方施肥手机信息服务试点示范。以县为单位，构建测土配方施肥属性和空间数据库，开发应用县域测土配方施肥专家咨询系统，建设基层智能化配肥服务网点。开展相关系统优化升级、互动式语音应答（IVR）平台能力升级、"两微一端"多渠道综合接入等工作。深入推进农企合作，积极探索政府和社会资本合作模式（PPP）试点，鼓励和支持企业利用现代网络技术开展测土配方施肥手机信息服务。

六、农业信息经济示范区

依托国家现代农业示范区，采用政府统筹、市场主体的方式，建立一批具有可持续发展能力的农业信息经济示范区。全面推进农业物联网、农业电子商务、政务信息化、信息进村入户和 12316 公益服务等建设，推进资源配置优化、服务供给高效、运营模式创新、金融服务拓展、智能装备推广等，深入探索运用信息化技术促进农业农村经济发展的模式和方法。在农业信息经济示范区率先实现传统农业在线化数据化改造，基本实现管理高效化和服务便捷化，生产智能化和经营网络化迈上新台阶，农业信息化综合发展水平超过 60%。

第五章
CHAPTER 5

"互联网+"现代农业发展案例

　　"互联网+"现代农业发展迅速，涌现了一大批各具特色的发展模式和经验，其共性是充分依托和结合地域特色，发挥本地资源优势，应用互联网技术，在机制和模式方面进行创新，探索可持续发展道路。本章重点调研了一批具有鲜明特色的"互联网+"现代农业发展案例，通过了解和分析这些案例，能够为进一步研究和实践"互联网+"现代农业提供丰富的参考价值和可借鉴经验。

案例1："互联网+"实现了农村农业信息服务资源整合

　　山东省是全国第一个农村农业信息化示范省，由国家科技部、工信部、中组部联合推动建设。作为示范省建设核心内容之一，山东省农业科学院科技信息研究所牵头建设了山东省农村农业信息化综合服务平台。通过"平台上移，服务下延，整合资源，服务三农"实现了面向广大农村基层用户的高效、精准服务，在专家和农民之间搭建了沟通平台和桥梁，实现"专家和农民一起种地"，加快了新品种、新技术、新成果的推广应用，提升了农业产前、产中、产后全程服务水平，为产业提质增效、促进传统农业向现代农业跨越发展提供了有力支撑。平台基于互联网搭建了完善的农业农村综合信息服务网络，一是将涉农信息资源高效采集、整合，根据不同用户需求进行加工和共享；二是直接面向广大农民、农村合作组织、涉农企业及社会大众等提供信息服务，面向优势农业产业开展一体化和专业化服务；三是用户可以在任何时间、地点，根据自己具备的终端条件通过语音、短信、视频、网站等多种接入手段获取产前、产中、产后等生产生活方面的服务。2013年11月27日，习近平总书记现场听取了平台演示汇报，指出"要给农业插上科技的翅膀"。

案例2："互联网+"实现农业生产智能化和精细化

　　水产养殖是山东优势农业产业，在水产养殖产业转型过程中，暴露出了养殖水域污染重、资源消耗多、疫病风险高、劳动强度大和质量安全下降等一系列问题，严重制约了黄蓝两区产业改造升级。近年来，山东省农科院科技信息研究所充分依托"山东省农业物联网工程实验室"，联合中国农业大学、中国水产科学研究院黄海水产研究所等单位，开展了农业物联网技术研发与规模应用。开展了养殖水质监测数字化、养殖管理精准化、疫情预报实时化、养殖操作自动化等研究工作，从装备原理、仪器配置到产业上的实际应用，取得了系列技术发明与创新性成果，信息化技术首次在水产养殖史上获得融合和重大突破，有效促进了我国水产养殖业的转型升级。所发明的系列水产养殖精准测控装备较国外同类产品成本降低 2/3 左右，降低劳动强度 80%，解决了长期困扰山东的养殖现场自动化作业与信息服务手段缺乏的难题。产品在山东莱州明波水产公司等龙头企业进行了转化，创建了水产养殖物联网技术体系，构建了信息技术、养殖技术、装备技术深度融合的系统工程和工艺流程，并实现了国产化，推进了水产养殖方式的技术革命。

案例 3："互联网+"实现农业产业优势放大

山东寿光蔬菜已经成为中国蔬菜产业的名片，产业发展水平引领全国。寿光充分发挥这一优势，依托寿光蔬菜产业集团的技术和资源优势，搭建了"中国蔬菜视频医院"服务品牌。通过互联网面向全国蔬菜产业提供技术咨询和推广服务，服务范围覆盖全国。通过整合寿光蔬菜产业的专家、技术、品种、市场等资源，利用蔬菜视频医院这个平台进行放大，将寿光的产业发展经验和优势在全国进行复制和输出，为寿光蔬菜产业发展提供了新动力。全国各地用户遇到蔬菜生产技术问题，随时可以接通远程视频系统，与寿光蔬菜专家进行视频互动交流。通过信息化的手段，与专家实现直接沟通，最新的品种、技术、成果都能够在第一时间了解到、使用上，有效提升了各地蔬菜产业发展水平。

案例 4：基于区域作物全程营养管理的专用肥智能制造与服务体系

一、基本情况

金正大生态工程集团股份有限公司创建于 1998 年 8 月，注册资金 31.39 亿元，现有总资产 117 亿元，资产负债率 30.8%，银行信用等级 AAA 级。2010 年 9 月，公司在深圳证券交易所挂牌上市（股票代码：002470）。在国内贵州、广东、河南等地建有 14 个生产基地，年总产能 700 万吨，产销量连续七年居全国同行业第一位，其中缓控释肥产能居全球第一，国内市场占有率超过 50%。公司在美国、挪威、以色列、德国、荷兰等地设有分支机构，2016 年全资收购德国康朴、荷兰 ECOMPANY 公司，加快了国际化进程。公司是国家创新型企业、国家重点高新技术企业、国家技术创新示范企业及全球最大的缓控释肥生产基地。公司科技研发实力雄厚，拥有授权专利 206 项，国家科技进步二等奖 2 项。公司是中国磷复肥工业协会、中国氮肥工业协会、中国农技推广协会副理事长单位及中国植物营养与肥料学会常务理事单位。

二、企业主营业务

公司主要从事专用配方复合肥、缓控释肥、硝基复合肥、水溶性肥料、生物肥、土壤调理剂等新型肥料研发、生产与销售及农化服务于一体的上市企业，现有主导产品分为两大类：一类是作物配方肥料、水溶性肥料、硝基复合肥等专用复合肥系列产品，年综合生产能力 520 万吨；二类是包膜控释肥料、脲醛缓释肥料、腐殖酸包膜控释肥料、作物专用肥等缓控释肥料系列产品，年综合生产能力 180 万吨。公司现拥有国家企业技术中心、复合肥料国家地方联合工程研究中心、土肥资源高效利用国家工程实验室、国家缓控释肥工程技术研究中心、养分资源高效开发与综合利用国家重点实验室、农业部植物营养与新型肥料创制重点实验室、博士后科研工作站等 7 个国家级创新平台，引领了行业技术进步；建有国际领先的百万吨级缓控释肥、硝基肥、水溶肥等国内最大的工业化装置，为行业树立了标杆；参与制定 17 项国际、国家、行业等标准，规范提升了行业市场与品质；创新了"互联网+智能制造+精准配送+一站式服务"协同发展的农资O2O商业模式，带领农资企业向"智造+服务"转型。

三、主要做法

1. 实施背景 针对我国农作物生产、土肥资源高效利用需求及化肥行业在生产制造、服务方面存在的问题，2014年，金正大集团实施了"基于物联网的精准施肥信息化技术集成与示范项目"，基于物联网技术建立集土壤养分、作物需肥规律、施肥模式和配方生成、作物专用肥研发、生产及销售、配送、农化服务等于一体的智能施肥决策管理系统，并于2015年被国家发改委列入《山东省国家物联网重大应用示范工程区域试点总体工作方案》。以"互联网+"方式改造化肥生产、流通环节，运用大数据、物联网、电子商务等新方式建立化肥智能生产与服务体系，是传统肥料产业转型发展的必然趋势。为给我国农业提供区域性的差异化、精准化服务，助力"互联网+"农业发展，金正大于2015年建立了农商一号电子商务平台，整合了公司所拥有的资金、技术、品牌、服务及渠道优势资源，建立了"互联网+智能制造+精准配送+一站式服务"的产业链协同发展模式，形成了农资产品精准化供需对接、个性化定制、技术升级改造、组织结构优化、商业模式创新等方面的优势叠加效应，构建出完整的为农民提供一站式农资产品和农业种植全程解决方案的互联网制造及服务体系，推动了"互联网+"农业的快速发展。

2. 建设内容 将互联网同肥料智能制造与服务进行系统融合，以作物为信息搜集端，集成大数据搜集管理、精准施肥决策管理、运营管理、离散加工生产、农化服务、电子商务等平台，利用农业大数据，开发基于物联网技术的集土壤养分、作物需肥规律、施肥模式和作物专用肥研发、生产、质控及销售、配送、农化服务于一体的智能施肥信息化服务系统，建立"互联网+智能制造+精准配送+一站式服务"的协同发展模式，为农业全产业链提供产前、产中、产后的整体解决方案，以实现研发、生产、配送、服务等环节的互联互通与高度集成。

3. 解决的主要问题及方式方法

（1）技术创新。利用物联网技术，将智能化施肥决策系统与肥料生产制造进行融合，搭建"互联网+"智能制造平台，解决肥料生产管理效率低、产品配方不合理等问题，实现基于区域作物全程营养管理的精准化供需对接和个性化定制。在产品生产方面，集成大数据搜集、精准施肥信息化、运营决策管理、离散加工等平台，建立配方自动生成、生产调度、质控、产品标志等过程自动化控制系统。依据精确化施肥配方，研发配方肥精确化生产技术，生产适应于特定区域的新型产品，即将农户需求通过施肥决策系统直接反应到企业的生产调度，使企业的配方肥生产线可以进行灵活性调整，以适应不同作物不同生长期的精准施肥需求，实现传统生产方式的改造升级。

（2）模式创新。通过建立"互联网+智能制造+精准配送+一站式服务"协同发展的农资O2O商业模式，解决研发、生产、配送、服务等环节信息不对称的问题，实现产业链互联互通与高度集成。项目以物联网技术为基础、以农资产品为载体，融入电子商务技术，实现了网络服务平台的信息功能和电子商务功能，为农业生产者提供及时、准确、完整的包括产前、产中、产后各个生产环节的实用信息和专业化服务。通过高起点建设电商平台，实行大品牌厂家入驻、套餐农资组合、全品类一站式营销策略，构建出庞大的网络体系与实体渠道体系协同发展的 O2O 商业模式。根据农户的具体需求，通过专用的供应链系统及物流配送系统对农户进行配送，减少了中间环节，降低了农资成本。

（3）服务创新。通过创建基于作物种植全程解决方案的农务服务体系，解决农化服务模式不完善等问题，为农民提供种植、金融等一揽子服务。项目整合了技术指导、种肥同播、水肥一体化、植保等农业服务力量，实现标准化、体系化，形成平台的关键服务力量；将供应和需求有效结合，为农民提供施肥、种子、植保、农机等种植管理解决方案及农业金融、农业保险等农业服务；建立优质安全农产品网络购销体系，设立农业发展基金，满足种植大户对农产品保险等金融服务的需求，为农业全产业链服务。公司计划未来 5 年建立 500 个区域服务中心，培养 100 名作物经理、1 000 名营销服务人员，向农业生产者提供农技服务，解决农业生产资金瓶颈和降低产业风险，最终使产业者、消费者利益最大化。

（4）组织创新。通过构建"互联网+"农资产业发展的利益共同体，打造出"创新+创业+创富"的共享共赢平台，实现内部员工与合作伙伴的共同成长。将孵化 1 万名专职创业者和 10 万名兼职创业者，通过网络平台搭建、机制保障、培训帮扶、资金支持等多种方式，帮助"创客"自建区域服务平台，建设经营实体，切实为农村提供物流服务、农化服务、综合金融服务、农产品经营服务，真正为农民提供一站式农业解决方案。通过建立"创新创业、融合共享"的新机制，最终将打造成一个创新创业创富、共建共享共赢、融资融智融合发展的服务平台，融合种子、农药、农机具、农业服务等领域，形成协同效应，构建农资产业发展利益共同体。

四、经验效果

1. 通过建立基于大数据的智能制造和精准施肥技术工程，促进了传统化肥产业转型升级 通过建立基于大数据的智能制造、精准施肥和农资电商服务平台，很好地完成了农资行业从传统渠道到互联网电商渠道的销售加服务的转移，实现了互联网与肥料制造产业的深度融合，为我国农资行业的应用创新树立了典范。由公司承担的"精准施肥信息化关键技术集成与示范"项目通过了山东省科技厅的验收。专家认为项目开发的基于物联网技术的智能施肥决策管理系统和精准化专用配方肥，具有较大的推广意义；2015 年 12 月，由多位中国工程院院士组成的专家组，对公司研发的百万吨级作物营养双平衡型缓控释肥及高效应用成果进行鉴定，技术水平达到国际领先。

2. 创新了线上与线下相结合的农资 O2O 商业服务模式，打造出了生态级的农业电商平台 通过建立农商一号电商平台，能为农民提供网络系统性的全品类农资一站式全程解决方案，同时通过在全国布局农化服务中心和农资队伍，构建出庞大的网络服务与实体渠道服务体系协同发展的 O2O 服务模式，打造出集信息搜集、个性化定制、农务服务一体的生态级的农业电商平台。2015 年 7 月，央视新闻以"国内规模最大农贸平台上线"报道了该平台。同时人民日报、大众日报、农民日报等数十家媒体跟踪报道了该平台的上线仪式，被媒体界评为具有国家资本、技术、品质和渠道的农资电商国家队。

3. 具有良好的经济和社会效益，带动了当地经济的快速发展 建成后可实现年收入 68 亿元，利润 1.6 亿元，提供就业岗位 860 个，间接服务 1 000 万个核心种植户家庭。提高项目周边区域就业率、增加农民收入、改善民生、实现产业扶贫，促进区域经济协调快速发展。

综上所述，通过农业互联网的创新应用，解决了农业现有的诸多问题，加速了我国化肥零增长目标和产业转型升级的实现，引领中国农业种植领域互联网智能制造与服务行业的快速发展，对我国复合肥行业创新发展和现代农业可持续发展起到积极的推动作用。

案例5：雪野农家特产网创新助农模式新实践

一、基本情况

雪野镇位于山东省莱芜市北部，距济南 46 千米，京沪高速穿境而过，省道 242 线、243 线、327 线 3 条道路在此交汇。境内山水资源丰富、生态环境优美，有济南 50 千米圈内最大的水面——雪野湖，湖面开阔，风光秀美；有省级华山森林公园和马鞍山森林公园，森林覆盖率达 70%，享有"天然氧吧"的美誉，空气质量优良率达到 100%，是省级旅游强乡镇、省级最适宜居住镇、山东省最美乡镇、中国国际航空体育节永久举办地。独特的山水生态资源优势造就了农特产品、优质果品种类丰富齐全。优良的自然生态环境，使镇域内柴鸡蛋、生姜、蘑菇、松菇、黑山羊、煎饼、干蝎子、干蚂蚱、蜂蜜、核桃、板栗、小米、优质鱼类等土特产品十分丰富，日益成为大众饮食新宠。

2012 年 10 月，雪野镇本着"政府主办，实名买卖，质量可靠"的原则创建属于老百姓的特产网，为群众搭建了网上交易平台。2012 年 12 月 12 日，"雪野农家特产网"正式运营上线。网站把农户的农特产信息、农户姓名、联系方式等信息进行征集、上传，为保证产品质量和信誉，每个村都在特产网上建立了网上农特产品超市，线下由各村远程教育管理员进行统一管理和产品质量把关。全镇 51 个村成立了网上农特产品超市，由各村远程教育管理员进行统一管理和质量把关。2013 年 1 月 10 日，第一笔网上交易在红哨子村完成。2013 年 8 月，网站进行第一次改版和升级，分为"绿色特产""私家农场""私家住宅""雪野美景""雪野美食"五大板块，与旅游"吃、住、行、游、购、娱"实现了更加紧密的结合，更加符合雪野特色。截至 2013 年年底，通过线上信息宣传发布，实现线下交易额 2 000 多万元。2014 年 8 月 11 日，雪野农家特产网手机版正式上线。2015 年 2 月，与山东舜网传媒股份有限公司的芙蓉街商城达成初步合作协议，选定富家庄村作为试点进行合作。2015 年 4 月，开始对网站进行系统升级，增加二级域名，完成数据库整合。2015 年底，顺利通过莱芜市现代物流与电子商务产业推进工作组的验收，成为莱芜市首批电商特色镇，胡多罗村依托雪野农家特产网成为雪野镇第一个中草药特色电商村。2016 年，红哨子村依托雪野农家特产网，在驻村第一书记工作组帮扶指导下，以电商产业发展为突破口，建立了"互联网+"农特产品的电商平台，积极探索精准扶贫新机制，并且得到有序而且稳健的推进发展。网站累计发布信息 8 200 多条，完成交易 4 300 多次，实现交易额 4 600 多万元。2016 年 2 月，雪野农家特产网北岸新镇实体店对外开业。

二、主要做法

2012 年底，为改变外地游客买不到雪野当地特产和当地百姓绿色特产卖不出的矛盾，雪野镇创建了雪野农家特产网，为群众搭建网上交易平台。通过近几年的运营，取得了良好的经济效益和社会效益，主要体现在：

1. 政府高度重视，健全网站运营体系 为促进雪野镇农村电子商务发展，成立了农村电子商务发展领导小组，制订了切实可行的项目实施方案，每年年底对各网站管理员进行考核，确保取得实实在在的效果。

2. 加大宣传培训力度，营造浓厚氛围　网站自运营以来，得到社会各界的高度重视。邀请电子商务专家对村管理员进行业务培训，每年组织 2～3 次的农村电子商务管理员培训学习体验考察。电视台、报社过专访，凤凰网、人民网、大众网等多家知名网络媒体转载报道，营造了浓厚的电子商务发展氛围。

3. 搭建平台，理顺发展途径　在电子商务基地建设雪野农家特产网服务中心，配套设施齐全，免费为各镇域内企业和个人提供政策和技术等服务支持；重点引导农村合作社和能人带头示范，打开市场销路，让农民看到了"触网"的实效；积极与济南舜网联系合作，组织田园种植体验活动，为本土电商发展提供人才技术支撑。完善的物流体系是保障电商发展的基础，为降低物流成本，还与各大物流公司和快递公司进行洽谈，设立集散点统一集中发送货物。

4. 严格的监督管理，建立完善的奖惩机制　制订严格的考核奖励机制。镇服务站负责对网站进行定期维护和管理，及时对上传信息进行核实，年底按照考核要求，对照信息上传条数、产品质量和销售情况，对各村特产店管理员进行严格奖罚。

三、经验效果

1. 运营平台更加科学高效　全镇 51 个村，村村配备专用电脑，有账户、有商铺，并配备网站管理员，对产品严把质量关，定期到农户家搜集土特产信息，进行网上录入更新等工作，保证信息的及时准确。每年对远程教育管理员进行 2～3 次的培训，提高其运用网络和电子商务平台的能力。胡多罗和红哨子村都分别建立了自己的电商网站，在淘宝网、微店、阿里巴巴、京东及微信平台注册账号进行经营并成立了电商服务中心。专门建设了 200 米² 的产品陈列区、产品仓储区、产品配送区、购销洽谈区、便民服务区。

2. 交易量逐年增多　网站累计发布信息 8 200 多条，完成交易 4 300 多次，交易额 4 600 多万元，群众对网上交易已经从犹豫观望到主动运用，并逐渐形成了以中草药为主的胡多罗村特产超市、以手编工艺为主的东下游村特产超市，以生姜、蜂蜜为主的红哨生态高地农产品合作社，并建设了雪野农家特产网实体店，部分村也结合自身实际建立了各自的特色网站。

3. 带动提升特色产业发展效果显著　2015 年，雪野镇和雪野镇胡多罗村先后被评为电子商务特色镇和特色村。胡多罗村确立"百年中草药　雪野胡多罗"的营销口号，建立了中草药展览馆，中草药特色优势日渐明显，带动了中草药产业的集聚发展，达到了年产销中草药百余种，从小山村卖到了北京、安徽等大城市。红哨子村成立了莱芜红哨生态高地农产品合作社，对红哨农特产品进行统一策划包装、宣传推荐，质量把控、农产溯源、收购存储，销售配送等各项工作。在农特产品上，红哨子村挖掘特色，推出了"喝山泉水的生态姜""山东种植海拔最高的生态姜""纯天然无添加的有机红哨蜂蜜"及"红哨生态高地散养鸡"等特色产品。通过将电商产业发展与扶贫工作有机结合以来，红哨子农特产品已在鲁中地区小有名气，产品远销自北京、沈阳、长春、浙江、济南、威海、泰安、济宁、滨州等地。

雪野镇的电商发展仍处于探索阶段，目标是通过电商产业的发展，实现农村发展、农民致富，让镇域内的物流活起来，人流旺起来，快速向生态雪野、魅力雪野、实力雪野迈进，实现当地经济社会的全面跨越。

案例6: "云农场"让田野更有希望

一、基本情况

山东裕利蔬菜股份有限公司成立于2002年5月,集蔬菜种植、加工、销售于一体,拥有自营进出口权,25种产品获有机认证,产品直供国内大中型超市,销往欧洲、美国、日本、澳大利亚等国家、地区。围绕融入全域旅游,促进现代农业与旅游业融合发展,该公司建设"裕利蔬菜五蔬园",新建两栋智能温室,用于蔬菜立体种植、无土栽培、休闲观光采摘。其中,一栋主要用于热带作物种植、观光及餐饮,引种榕树、柠檬等热带植物1 000余株;另一栋温室用于作物无土栽培,成为集观光、品尝、体验、休闲、度假、培训教育等功能于一体的旅游生态项目。园区被评为全国休闲农业与乡村旅游五星级园区、山东省休闲农业与乡村旅游示范点、山东省精品采摘园、山东省新型职业农民培育实训基地,已然成为五莲山下一道独具魅力的风景。

二、主要做法

当前是一个"互联网+"的时代。"互联网+"现代农业,就好比车之两轮、鸟之两翼,快速的提升农产品在市场竞争中的地位。电子商务已成为一个大势所趋的世界潮流,"可以迟到,但不能缺席"。因此,该公司近年来积极采用先进的信息技术和手段,发展电子商务,扩大销售。

第一,坚持与大平台对接。从2008年开始接触阿里巴巴诚信通服务,已连续合作8年。通过平台建设,一是发布自己的产品信息、与公司有关的宣传资料,并推出满足客户需求的信息网页,全面宣传和推介公司及产品,让目标客户深入了解公司。二是通过阿里旺旺实时聊天工具及信息,公司可以及时与客户进行沟通,缩短成交的时间,减少成本。

第二,坚持自身平台建设。在2014年初,公司建立了自己的网站,定期进行公司动态及产品更新,使公司的信息能更方便、更快捷地得到展示。加强了企业同供应商、客户的联系,及时了解顾客的消费状况和竞争对手的情况,寻求新的商业伙伴和商业机会。2014年8月,公司建立了微信公众平台,每天定期推送2~3条企业信息,让更多的微友和客户关注此平台,提高知名度。通过微信渠道将企业品牌及产品推广给上千、上万的微信用户,可以减少宣传成本,提高品牌知名度,打造更具影响力的品牌形象。

第三,成立专门电子商务机构。公司于2015年专门成立了电子商务小组,完善了各种规章制度,安排小组人员参加"劈开脑海,迎战电商"的基础知识培训及"如何运营微信公众平台"学习等一系列活动,丰富了小组人员基础知识,提高微信营销能力。同时,五蔬园生态园区积极加盟美团网团购,将五蔬园区门票及部分美食直接实行线上交易,提高园区综合收入。

三、经验效果

为更好地推行"互联网+"农业,该公司以五蔬园为实验基地,在田间道路的两旁,均安装监控——"大眼睛",全天候监看着菜地,管理人员只要打开手机,每块地的湿度、作物生长情况等信息就会呈现在手机上。菜渴了、缺"营养"了,手机上就会准确无误地显示出来,并及时提醒,管理人员只要点击一下自己的智能手机,地里的喷头就开始水肥一体给蔬菜供水补"营养"。

在"五蔬园","互联网+"农业并没有单单地停留在营销层面的电商模式,也包括互联网技术深刻运用到农业生产的智能农业模式,搭建起互联网上的"云农场"。"云农场"是一个农业互联网高科技综合服务平台。它不仅可以发布农产品价格信息,直接进行网上销售,还可以追溯农作物生长的那片土地有多深、土质如何,甚至土层厚度、排水性如何、pH、土里的矿物质元素含量,做到全程可追溯,这才让好东西卖上好价钱。

"智慧农业"把传统的农业变成了"指尖上的农业",不仅让农耕轻松惬意,更是极大地提高了农业生产经营效率,为农户创造了更多的财富,对特色农业起到了积极的示范带头作用,促进了传统农业加速向现代农业转型升级。公司实行的农场化管理、产业化经营,使120多名农民工转为产业工人,并与农户建立了优势互补、利益共享的合作关系。在叩官镇及周边乡镇已发展蔬菜生产专业村36个,蔬菜种植专业户2 300多户,辐射带动5 000多户,年增加收入1 200多万元。

案例7:栖霞市庙后镇柏军果品专业合作社发展电子商务

一、柏军果品电子商务简介

栖霞市庙后镇柏军果品专业合作社,于2008年7月22日由栖霞市庙后镇下汪夼村党支部书记徐柏军发起成立,增资扩股于2012年4月17日,注册成员500人(团体),覆盖农户达到3 000余户成员出资总额2 000万元,入社果园面积2 086亩。柏军果品专业合作社自2013年至今,在电商方面取得了比较理想的成绩,组建了实力强大的电商团队,建立了完善的电商销售渠道。

1. 开发自有电商平台 先后开发了南食北味、一亩果园电商平台。2014年1月,合作社开发的独立电商平台"一亩果园"上线,同时开发了依托移动端的农产品分销平台,依托各大第三方电商平台进行客户引流,逐步将各平台店铺的客户引导到合作社自己的电商平台进行商品成交,逐步打造了自己的忠实客户群体。未来一亩果园将作为公司重要的投资发展方向,逐步建设成为山东地区最大的果品批发分销及终端零售专业电子商务平台。

2. 联合国内大型电商开发电商平台 在天猫开设有栖霞苹果旗舰店、淘宝霞谷献珍生态园,在京东商城、工行融e购等都开设有旗舰店。合作社2013年电商销售达600万元、2014年上半年大樱桃销售达1 500万元,2015年合作社大樱桃及苹果销售额突破2 800万元,2016年上半年大樱桃电商供货量达100万千克,销售额突破4 000万元。合作社电商团队2014年5月,10天预售大樱桃超过1 000万元的报道引发国内各大媒体广泛关注,也引发了烟台果农争先进入电商卖樱桃的热潮,创造了烟台大樱桃电商销售的奇迹。

3. 高度重视销售环节 多渠道销售,自有电商平台销售、淘宝等聚合电商平台销售、微商平台分销、垂直农产品电商平台供应链支持等。2015年4月柏军果品与工商银行融e购商城签约,开展工行大大樱桃电商节促销活动,活动期间销售大樱桃近8万千克,销售额达350万元,成为了当年融e购商城独家成功活动推广案例,银政合作的典范案例,活动盛况被20多家国内媒体报道,举办的第二届工行大樱桃节活动同样取得了巨大的成功。

4. 统一采购环节 除了自有直营果园基地外,主要依托合作社模式采取统一指导管理、统一采购,保障果品质量,提高合作社农民收入。

二、主要经验做法

电商销售做得再完美,若没有好的产品供应链支撑,就像没有打好地基的楼房。柏军果品依托庞大的规模化种植基地,专注做好产品供应链环节。公司除了在淘宝、京东、工行融e购等平台销售外,还开发了南食北味农产品分销平台进行果品供应链分销。上线1个月,进驻分销商及城市合伙人1 200多家,合作的大型微商团队6家。

1. 产品为王,源头管控,提高果品质量 只有从种植源头上标准化管理,规模化种植才能生产出符合高品质电商品控要求的果品,合作社引进政府放心农资,为农民提供免费的技术指导,平价放心的农业生产资料,化验合作社每家每户的土壤,针对合作社每家每户的土壤进行配方施肥。从剪枝、施肥、用药、疏花、套袋、杀虫、摘袋到采摘等十几个环节进行全程技术指导管理,运用杀虫灯,以色列的水肥一体化,发酵农家肥,进行原生态种植,以保证果品的口感品质。

2. 仓储物流 真正好的用户体验来源于用户拿到果品后的最直接感受,田间地头收获的好果品不代表到达用户手中的还是质量过硬的产品。设立专门的质量专员,从采摘时间、果品的规格上进行第一道关把控,只有质量过关的一级果品才会被采摘入库,而果品进入分检车间进行预冷后还会进入两条自动化流水线由数百名工人进行仔细分拣,从拣选到装箱等多个环节都有专业的品控人员进行把关,来确保出库前的果品完全达到高规格要求,物流环节还大量采用航空点到点批量运输,结合落地配送的方式来提高运输实效及降低物流成本,这便是数万箱生鲜果品几乎零售后重要保障。

3. 包装加工 建设了超过6 000米^{2}的冷藏流水线分拣包装加工车间,包括制冰机日分拣发货大樱桃1万～2万箱,苹果日分拣发货3万～5万箱。

4. 自营互联网平台打造 为了解决分销商在实际合作中的问题,今年以来,开发了南食北味农产品分销平台,解决了电商三大问题:一是解决分销商零库存、零售后,物流查询的方便;二是供应链双方交易信任的问题;三是通过后台大数据过整合后,根据区域集中发货,做落地配来有效降低物流环节的成本及损耗。

三、合作社经验效果

1. 建立果品质量安全追溯体系 运用"互联网+"建立了烟台地区首家大樱桃标准化基地信息追溯查询系统,初步实现"从田间到餐桌"的全程质量安全监控,使消费者对大樱桃等产品能够做到"明白购买、放心消费",大大提高了商品价值、档次和社会信誉,增加了农民收入。

2. 电子商务带动本地旅游发展 2015年以来,柏军果品联合农村淘宝,开展了栖霞苹果农村淘宝网上行活动,活动中开展了栖霞苹果的果树认养活动,认养果树3 000棵活动与栖霞市旅游局合作赠送当地著名景点门票。与工商银行开展的栖霞苹果艺术节活动,采用了预售果品配送年卡的活动形式,销售年卡5 000张,并开展了大樱桃的采摘旅游活动、免费蓬莱旅游活动,电子商务与旅游行业的结合为当地旅游餐饮业注入了新的活力。

3. 大幅增加了果农收入 柏军果品合作社采用了国外引进的现代化管理技术,建设了最先进农业示范基地。采用矮化种植、滴灌灌溉、种植鼠茅草控制果园地面、安装黑光灯等进行物理杀虫。在果品的分拣环节采用了自动化的流水线分拣设备。大大提高了果品的质量，大幅节省了人工成本。这在当地起到了很好的示范效应，成本更低、产量更高、质量更好，加上电子商务的销售通道的打通，当地生产的水果不愁销售，价格也相应上涨，为广大果农带来增产增收。

案例8：滨州博兴加快农村电商发展，助力农民脱贫致富

近年来，滨州博兴县按照"电子商务+三农"的工作思路，坚持政府引导、市场运作、社会参与的原则，深度对接阿里、京东等电商平台，打出一系列电商扶贫增收"组合拳"，促进了农村电商快速发展。2013年7月，时任山东省长郭树清到湾头村调研，对农村电商发展给予高度评价，成为博兴电商快速发展的转折点。

电商扶贫是博兴县推行精准扶贫、带动农民增收的重点措施。全县拥有1个淘宝镇、16个淘宝村，淘宝商户突破1万户，直接从业人员3万人，间接带动周边从业人员10.3万人，贫困人口参与电商1 800余人。2015年，电商交易额达到320亿元，其中农村电商突破10亿元，从业农民年均增收5 600元，带动4 100户低收入户增收、680名贫困人口实现脱贫。

2013年8月，阿里研究中心首次发布中国"淘宝村"现状调研报告，博兴县湾头村是国内已经发现的14个大型"淘宝村"之一。2014年5月，被省商务厅授予全省农村电子商务试点县；2014年12月，锦秋街道成为全国第一批19个淘宝镇之一。2015年1月，阿里"千县万村"计划农村淘宝博兴试点启动，成为全省首个、全国第三个与阿里合作的试点县。2015年5月，被阿里集团授予全国电子商务百佳县；成功主办以"互联网+"为主题的山东省首届"县域电子商务大会"，有力推动了山东省与阿里集团的战略合作。2015年6月，国务院发展研究中心到博兴专题调研，形成了《"互联网+"是发展农村六次产业的有效途径》调研报告。2015年11月，被省商务厅授予全省首批电子商务示范县。2016年，全国"两会"期间，央视2套大型纪录片《五年规划》第四集《天堑通途》中，对博兴电商发展情况进行了宣传。

一、打造特色淘宝镇村，增加收入促脱贫致富

博兴特色产业突出，拥有6个市级以上特色产业镇和102个特色产业村，是中国编织工艺品之都、中国金属板材之乡。博兴县借助电子商务，实施精准对接融合，推行"线上+线下"一体营销，实现地方产品"卖全国"，圆了农民的创业梦、致富梦。拯救提升产业。淘宝村拓宽了农村特色产品的市场空间，数据显示，湾头淘宝村800余家网店2015年实现草柳编线上销售额3.1亿元，顾家淘宝村500余家网店实现老粗布线上销售额3.6亿元，全县淘宝网店线上销售收入过百万元的达到1 200家，日均成交1.8万单、220多万元，草柳编、老粗布线上销售量占到60%，平均利润率比线下提高20%以上，产品销往40多个国家和地区，农村特色传统产业通过互联网焕发出新的生机。促进脱贫增收。湾头村的贾春社一家在芦苇席失去市场后，生活陷入困境，2012年，参加了电商"一对一"培训，重新拾起了编织芦苇席的手艺，网上直供电影剧组，年交易额达到60万元以上，带动30户低收入家庭走上了致富路。通过电子商务培训、"一对一"帮扶等方式，全县有1 000名低收入户开设了淘宝等各类网店，增加了收入，摆脱了贫困。16个淘宝村在

全县率先实现全部消除贫困户、低收入户，户均年收入达到 8 万元，成为名副其实的富裕村。带动创业就业。农村电商创造了大量的就业创业机会，提高了群众的创业能力。王圈村的杨敬刚身患尿毒症不能从事体力劳动，2010 年开办淘宝店铺，维持治疗的同时还有近万元的收入。大学生返乡创业代表贾培晓开办了天猫店、淘宝店，年销售收入过千万元。2015 年，博兴县从事电商的农民达到 2.7 万人、大中专毕业生 4 000 人，吸纳直接就业占全县农村劳动力的 33%，人均月收入集中在 2 000～5 000 元。今后，博兴县将借助阿里、京东等第三方平台，结合一镇一业、一村一品创建，强化标准制定执行，加快打造网上地域性品牌，让更多的特色产品上行，让更多农民创业就业、脱贫致富。

二、加强农村淘宝建设，减少支出促脱贫致富

"千县万村"农村淘宝计划是山东省政府与阿里集团战略合作项目的重要内容之一，博兴县是全国第三个、全省首个农村淘宝项目试点县，2015 年 1 月 25 日启动，当年建成运行县级运营中心、物流配送中心和 6 个镇级电商公共服务中心、103 个村淘站点，其中贫困村站点 4 个，是全省第一个站点过百的县区，促进了产品下行，在农民身边建起了方便快捷的"网上超市"。

1. 完善保障机制　加大农村电商考核及支持力度，电商发展纳入全县科学发展综合考核指标体系；为每个村淘站点提供 3 000 元资金扶持；免费提供经营场所、硬件设备；进行"一对一""面对面"技术培训。

2. 拓展服务功能　阿里众筹平台"蚂蚁金服"设立业务站点 20 家，首批给农民发放信用小额贷款 6 笔 30 余万元；引入"菜鸟"物流，快递产品直接到村，真正打通农村物流配送"最后一公里"。

3. 方便群众生活　农村淘宝让农民实现了"买全国"，改变了消费观念，刺激了消费需求，降低了生产生活成本，这些对农村贫困家庭来说尤其重要。2015 年，村淘累计完成订单 13 万单，实现交易额 1 200 余万元，日用品平均单价比实体店便宜 40% 以上；正在开展的村淘"春耕活动"，有机肥销售 60 余吨，每吨便宜 500 余元。农民还在网上以较低价格购买汽车、钢琴等高端商品，庞家村网上购买的凉亭比线下购买便宜 1 万多元，节约资金近 50%。

三、强化政策要素支撑，精准发力促脱贫致富

博兴县委、县政府持续优化农村电商环境，筑牢电商发展基础，让农民在更高层次上创业，更加精准地脱贫致富，更快更好地过上富裕文明的小康生活。

1. 政策资金支持　制定加快电子商务发展的实施意见等 5 个配套文件，县财政每年安排 300 万元发展专项资金，人才、科技两个一千万元基金重点向电商倾斜。引导金融机构创新服务方式，累计发放各类农村电商贷款 12.9 亿元，授信额度超过 15 亿元。积极推进电商精准扶贫，以建档立卡贫困户为工作重点，送资金、送设备、送技术、送培训。今年农村淘宝站点将全覆盖 32 个省定贫困村，电商扶贫脱贫人口占到全县的 10% 以上。

2. 信息物流支持　累计投资 2.8 亿元，建设 4G 基站 610 个，实现村村通宽带，4G 移动信号全覆盖，让电商业户随时随地进行网上交易。累计投资 13.2 亿元，连续实施国省道升级改造、农村公路网化及三通工程，新建改造公路 1 300 余千米，农村硬化公路通达到户。引进邮政、申通、中通等 20 多家知名物流快递公司，实现物流配送全覆盖，异

地网购 3 天到、同城网购 24 小时送达。

3. 技术培训支持　　建成运行省级综合检验检测中心，县里统一制订网销产品标准，创建区域性品牌，每年举办厨具博览会、编织工艺品博览会，与山东工艺美院等高等院校合作，不断推出新产品，"五君子"粗布系列产品在全国"十艺节"上荣获大奖。整合人力资源与社会保障部门、农业部门、中国残疾人联合会等培训资源，采取政府购买服务的方式，开展点对点技术服务，仅 2015 年就举办培训班 25 期，培训人员 2 600 余人次，其中贫困人口 450 人次。

4. 载体平台支持　　建成厨具在线商城、捷运互联、喜乐旺购等十大电商平台，规划建设博兴县创业大学和兴福镇电商一条街；建设运行顾家老粗布电商产业园、草柳编创意产业园，打造集产业配套、孵化培训、质量检验、物流配送等功能为一体的电商发展集聚区，并优先免费提供给低收入、贫困户经营，加快脱贫致富。

案例 9：潍坊市昌乐县都昌村菩提电商发展之路

一、基本情况

潍坊市昌乐县朱刘街道都昌村近年来利用电商平台销售以菩提子为主的文玩物件，闯出了一条新财路。都昌菩提电商从业商户近 60 家，实现年销售额近 1 亿元，百余人成功创业就业，都昌村呈现出"大众创业、万众创新"的发展新局面。

二、主要做法

1. 抢抓发展机遇　　都昌村民长期从事钢结构产业，接触面广、眼界开阔，具有很强的商业头脑，这就决定了都昌村民能够从接触、喜爱、把玩金刚菩提中觅得商机，从最初的零星经营发展到现在的行业领头。在其他地区的商户还在观望市场、犹豫不决时，都昌村许多经营业户远赴金刚菩提的源头尼泊尔考察市场、联系货源，与当地经销商达成长期合作协议，不断降低采购成本、稳定货源，每年累计进口金刚菩提子 150 多吨。该村金刚菩提销售已占据淘宝、阿里巴巴同类产品一半以上的市场，并带动亲戚朋友及周边村民参与其中，迅速由零星几户发展成为了 3 村近 60 户，使菩提销售成为都昌村的亮点产业。

2. 创新经营模式　　随着业务的不断发展，都昌村的电商业户已形成了淘宝、阿里巴巴、微信多平台发展，经销各类菩提 30 余种，配饰上百种，规模越做越大。各业户也在发展过程中找到了自己的经营重点和发展方向。都北村民李凯主要在淘宝网经营菩提子和配饰销售，网店已发展到三蓝冠级，在淘宝网文玩类网店排名中位居前列；都北村民李增明在分析比较各电商平台的特点和自身优势后，将经营重心转移到阿里巴巴平台，做大单、做批发，销售额逐年提高；东南庄子的李成立、都北村的李增光，分别专心经营金刚菩提子和星月菩提单一商品，搞批发、卖精品，客户遍布全国各地；都北村的李晓帅，利用自身精通英语的优势，远赴尼泊尔联系货源，采购原子，励志做大做强自己的电商事业。这些年轻人都是都昌村菩提业户中的佼佼者。

3. 发展措施得力

（1）吃透存在的主要问题。

①行业发展规模较小。都昌村菩提经营业户中成规模的有 20 余家，最多年销售额在 1 000 万元左右，大多是小散户，部分业户销售额不稳定、竞争力不足、抗冲击力不强。

无论从整体规模上，还是个体规模上，与先进地区差距甚大。并且从业人员多以家庭成员为主，以年轻人为主，存在家庭作坊式发展模式，带动能力弱。

②业户网络平台经营知识欠缺。都昌村电商产业的快速发展在一定程度上得益于当时起步早、竞争小的网络大环境。但都昌不是菩提的原产地，发展可复制性强，各电商网站同类网店数量多、竞争大，较往年相比发展迟缓。更为严峻的是，都昌村民经营网店多为"白手起家"、边学边干，面对瞬息万变的网络发展形势和灵活多变的淘宝运营规则，网络知识、运营经验少、学习领会慢的劣势被逐渐放大，前期发展优势被逐步拉平，发展后劲不足。

（2）制定切实可行的措施。

①认真谋划，着力打造发展平台。借助社区建设这一有利时机，规划建设文玩物品产业聚集区，打造产业基地，引导建立产业联盟，让业户集中经营、抱团发展，吸引物流企业及其他配套企业入驻设点，逐步打造采购、清洗、加工、销售、展览一条龙的文玩物品产业链条，拉动周边更多劳动力家门口就业，形成线上著名、线下闻名的文玩物品销售加工集散地。

②扶持助力电商产业蓬勃发展。响应中央"大众创业、万众创新"的号召，落实推进"互联网+"产业发展，学习借鉴电商发展经验；打造都昌村电商发展整体氛围，在村内制作特色广告宣传牌38块，确定了3家重点发展扶持的电商业户，以点带面，推动发展；同时邀请媒体到村采访报道、宣传推介，努力打造"线上诚信经营，线下幸福文明"的"淘宝村"新风貌。

③开展培训，建设农村电商人才队伍。主动与互联网业务主管部门开展对接，研究争取相关扶持政策，共同组织开展培训，指导电商业户学习农村电子商务的有关知识，在农村电子商务具体实践中起好带头作用；带领相关业户到"淘宝村"参观学习，开阔视野；建立激励机制，鼓励大学毕业生回村做电商，培养农村电子商务建设新主力军。

三、发展经验

"互联网+"激活了农村电商蓝海，在"互联网+"的新战略下，都昌菩提电商发展为本地经济社会发展培育了新的增长点。都昌电商从抢抓发展机遇、创新发展模式，谨慎选择发展方向和营销模式，注重打造网店品牌和区域品牌，搞好售后服务、政务服务、物流服务4个方面具有明确的借鉴意义。

1. 搭建平台，全力打造电商品牌 借助社区建设有利时机和"都昌古国"的文化效应，规划建设菩提文玩产业聚集区、建立产业联盟，引导业户壮大各自经营优势，实现错位发展、抱团发展、共赢发展。在推介宣传上，突出特点、打造品牌，借助"好品山东""易商平台"等网络营销服务平台，提高都昌菩提产业基地的影响力和知名度。加强诚信经营的督导宣传力度，进一步提高业户诚信经营的意识，倡树"诚信、开放、平等、协作、分享"的都昌电商精神，将都昌打造成"线上著名、线下文明"的菩提产业集散地。

2. 完善配套，优化都昌电商发展环境 在都昌村靠近济青高速处和309国道与都昌路交叉口，设立都昌菩提产业基地的标志牌，使产业基地更容易寻找、发现。吸引物流及其他配套企业入驻设点，引导电商业户利用物流仓储，在各类产品特别是生鲜果蔬的配货、包装、发售上朝着集约化方向发展，降低物流成本。逐步打造采购、清洗、加工、销售、展览一条龙的菩提文玩产业链，拉动周边更多劳动力在家门口创业、就业、致富。从旅游角度做文章，待条件成熟时，打造都昌电商精品购物点。

3. 壮大主体，提升电商发展水平　邀请行业专家指导，鼓励支持电商业户积极参加培训，吸引专业电商工作室入驻或支持有条件的业户成立电商工作室，为周边业户提供网店形象和运营的维护、活动的策划开展、市场的调查开拓等专业服务。继续营造"大众创业、万众创新"的浓厚氛围，鼓励引导大中专毕业生、在外务工的青年人回乡创业，不断壮大电商队伍，培养农村电子商务发展的新主力军。

案例10：海阳市"惠客来"农村电子商务

一、项目基本情况

山东智创电子商务有限责任公司成立于2015年7月，总部位于山东省海阳市，面向全国开发"惠客来"农村电商体验店。2015年7月，与海阳市人民政府签订了合作协议，计划在3年内投资7 500万元在海阳市建设经营500家村级电子商务体验店，全力打造海阳市农村电子商务市场，争取成为山东省乃至全国农村电子商务示范县。定位于服务农村电商平台，以快消品为主，与当地商业、生活服务相结合，形成"实体+虚拟""线上+线下"的O2O电商模式，线上平台体现形式为手机APP"掌上便利店"，线下为实体超市便利店。项目主要经营日用百货，开展便民服务，提供农机代购和农资团购平台、异业联盟、广告传媒等业务。短短的一年时间里，已在海阳市总部建设经营村级电商体验店154家，在龙口、莱阳、莱州、潍坊高密、寿光等15个县市设立分公司，发展体验店400余家，惠客来手机APP客户端已上线运行，会员3 000余人。

1. 企业规模　以山东省海阳市"惠客来"电商体验店为辐射源，3年内在全国范围内开发以山东省为主的10个省，500个县。每个县打造20家实体体验店，完成10 000家店的规模，线上用户达到1 500万。

2. 主营业务　主要发展以"万村千乡"工程为主体的"惠客来"农村电商体验店项目，通过村村落脚的布局方式，以主营日用百货为载体，坚持"利民、便民、惠民"的经营理念，为消费者提供实惠放心产品和优质服务，更有包括农机、农资等异业团购服务。不仅实现消费品下乡，更帮助农产品进城，线上销售特色农产品，建立从田间到发货的"第一公里"渠道，推动农业升级、农村发展、农民增收。同时开展电费、燃气费、有线电视费缴费、手机充值、信用卡还款金融服务和广告宣传等在内的近百项便民服务。

二、主要做法

1. 抢抓政策机遇　《国务院办公厅关于促进农村电子商务加快发展的指导意见》提出：通过大众创业、万众创新，发挥市场机制作用，加快农村电子商务发展。把实体店与电商有机结合，使实体经济与互联网产生叠加效应，以促消费、扩内需，推动农业升级、农村发展、农民增收。山东智创电子商务有限责任公司积极响应国务院号召，抓住机遇，大胆创新，大力发展"惠客来"农村电商体验店。2016年的7月16日"惠客来"手机APP客户端上线运营，达到实体店和电商的有机结合。

2. 建设内容

（1）实体体验店。"惠客来"电商体验店有直营和加盟两种经营模式，在农村建立实体店，每个实体店 60～80 米²，统一店招、统一货架、统一供货、统一管理，每个店配有 1 名店长，1～2 名店员。通过丰富有力的促销活动，稳定的会员管理，切实做到利民、便民、惠民，使体验店与农民建立长期有效的黏性关系。

（2）统一物流配送。公司自建物流配送体系，实现省级大仓、县级小仓、村级设店的完备分拨中心，通过完善的物流配送系统达到全店专供、统一配送、及时配送的标准水平，极大地降低了中间成本，扩大了县级运营中心和合作终端门店的利润空间。

（3）农村电商。以实体+虚拟、线上购买+线下体验的电子商务模式，实现消费品下乡和农产品进城，不仅满足农民日益增长的购物需求，同时与农业综合服务站对接，助力农产品销售。通过农业龙头企业、农民合作组织等规模化经营，建立从田间到发货的"第一公里"渠道，做到输出畅通，解决农产品销售难的"痛点"，帮助农民建立销售渠道、增加收入。

（4）异业团购。搭建一个同城百业联盟的平台，为平台内所有商户做线上导流，锁定行业与会员消费。其核心是以日用百货为切入口，以赠送电子币的方式增加会员、锁定会员，为异业合作商家做客户引流，提高合作商家的销售额与市场份额，从中盈利。

（5）传媒平台。建立流通产品厂家广告、同城其他行业的商家广告及异业团购传播平台，同时传媒平台可实现直接在线销售各种产品。

3. 注重解决主要问题

（1）针对农村电商网络基础建设不完善的问题，公司自费将宽带随店入村，店内无线连接全覆盖，消费者只要进店就可免费使用。

（2）针对大部分农民并不知道如何网购，农民的网上消费习惯还没有培养起来的问题，实体电商体验店是个很好的突破点——既能从线下打造村级实体服务点，又能通过店长服务，帮助农民完成线上消费，建立"实体+虚拟""线上+线下"的接地气电商模式，以激发农民的线上消费潜力。

（3）针对线上用户难拓展，会员忠诚度、诚信度低等问题，项目坚持以便民、利民、惠民为理念，以实体体验店为根基，以日用百货为切入口，以极大让利用户为原则，以门店员工客情为纽带，获取有效会员，吸引持续消费，解决网购环节等一系列问题。

（4）针对"最后一公里"配送难的问题，实体体验店已经下沉到村级市场，片区配备配送人员，打通物流配送"最后一公里"。

三、经验效果

1. 创新经营模式

（1）激活民间资源，整合共赢。"惠客来"农村电商体验店采用直营和合作两种经营形态，直营店采用"员工即老板"的经营方式，投资人投资入股，在店里上班，不仅可以激发员工积极性，还整合众多个体资源，积累体验店的客情关系。

（2）"互联网+"，重在持续。发展线上会员，一是有线下体验店做支撑，建立与顾客的信任度，让消费者打消产品的品质问题，接受线上消费引导；二是线上消费赠送电子币，所获电子币可抵现再次消费，直接为用户带来实惠，使其持续消费；三是线下渠道建设与线上用户的积累、激活，能够把特色农产品通过轻资本运作，快速地传播与销售，增加农产品销售渠道。发展异业合作，打破区域局限，整合全国市场，以庞大的数据库，促消费、扩内需，市场潜力巨大。

2. 兼顾经济和社会效益

（1）增加就业机会。通过扶持政策鼓励大学生回乡创业，同时为村民提供店员、店长、快递配送员等岗位，在家里上班既增加了收入，又不影响教育子女、赡养父母。项目建成后可以解决至少 20 000 人的就业问题。

（2）完善农村互联网发展基础配套。固定宽带进村入户、APP 手机客户端手把手教学、大数据科学核算分析等互联网配套附属设施的使用和完善，不仅为"互联网+"的发展提速增效，而且改变了农民的生活方式，为后续经济发展提供强劲动力。

（3）增加农民收入。帮助农民建立销售渠道，不仅能使特色农产品流通全国，农产品从田间地头直接到达消费者手中的去中间化环节，而且使农民收入明显增加，可提高收入 3～5 倍以上。

（4）完善物流体系建设。自建物流配送体系，实现省级大仓、县级小仓、村级设店的完备分拨中心，配套大型物流车、小型配送车等一应俱全，配送员村级设点区域配送，通过完善的物流配送系统，既达到全店专供，又做到统一配送、及时配送的标准水平。

案例11："互联网+"农业下成长的莱丰网

莱州市暄展电子商务有限公司，成立于 2014 年 5 月，总注册资金 500 万。打造最专业的生鲜宅配品牌——莱丰网，采用 O2O+B2C 模式，线上通过商城平台将商品信息、网站活动等展现给消费者，线下实现覆盖性配送业务，实现网络社会到现实社会的真正交易。通过网站、微商城及电话咨询订货，配合客服在线服务，物流线下配送，让消费者愉快达成购物。莱丰网是本地最专业的安全食品配送专家，为广大市民提供专业安全的食品配送服务。莱丰网立足莱州，全面覆盖整个莱州市区及周边郊区，坚持做服务于本土规范化电子商务平台。因为"只服务于本地"的较强针对性，所以能更好实现时效短、效率高的理想局面。

基于老百姓食品安全问题及有机绿色认证公信力缺失的市场现状，莱丰网联合了中国食品综合运营商中粮集团及其他行业内 30 多个知名品牌，主要经营水果蔬菜、米面粮油、干果零食、冷冻生鲜等品类，致力于给莱州人民提供"有机、绿色、健康"的产品。公司通过建立透明产业链，科学仓储配送，严苛的品控管理体系，以实惠的价格、快捷的购买方式、高质量的产品、优质的送货上门服务，为追求健康和品质生活的家庭提供综合的网络购物平台，实现网上订单，线下取货的便捷购物体验，将繁琐沉重的传统购物过程变成家庭的享乐时光。

莱丰网运营宗旨：用产品说话，让用户说好。产地直采，保证水果新鲜、优质、低价。莱丰网与高密蓝莓基地合作，经过对产品质量的严格把关，并签订产品合作协议，保证食品安全，莱丰网自己采摘、运输，让用户在最短的时间吃到最新鲜的蓝莓，经莱丰网服务号活动宣传，第一天 2 000 多盒，第二天 8 000 多盒，之后几天翻倍的销量，5 天时间，基地蓝莓全部销售完毕，粉丝每天增加 500 多个，店内顾客每天增加，一个单一产品的宣传，如此大的口碑传播，所以确立了产地直采的经营理念。随之公司进行了其他单品的产地直采，如江西蜜橘、砂糖橘、赣南脐橙、高山甜橙，陕西小野生猕猴桃，云南丑梨,浙江衢州老树椪柑,新疆库尔勒香梨及国外跨境马来西亚榴莲等。

运用"企业+基地+农户"模式,助力精准脱贫。以签约的合作社为基点,吸收周边贫困户成为社员,由莱丰网负责统一品种选择、物资采购、技术指导、产品收购和包装销售,逐渐帮助农户脱贫致富,拥有签约合作社15个、辐射镇街12个、助农产品20余种,帮扶农民创收达百余万元。

莱丰网平台不仅直采国内外优质产品,还将莱州特产及代表性产品通过线上平台卖向全国。公司拥有自助开发APP的技术人才,作为本地第一个自主开发的APP,莱丰网APP将更好地为当地百姓提供服务,为电子商务的发展做出贡献。拥有一个完整的电子商务平台团队,采购、包装、客服、售后、技术、物流等部门配备完整,各部门之间紧密的协作,为当地即将发展电子商务业务的企业起到了很好示范作用。公司自主开发了暄展电商微信第三方营销系统,用于电子商务协会会员企业的推广作用,并将针对于本套系统;对于协会会员企业做一系列的培训,为本地电子商务的发展做出自己应有的贡献。

2015年3月,莱丰网新系统正式上线,新系统采用JAVA+HTML5,管理更为方便,实现了库存报警、PC端和移动端同步信息等新功能,并且成功对接了国内先进的金碟ERP管理系统,完善了订单直接传输到ERP仓库系统的一键获取信息功能,大大减少了中间的工作环节。生鲜类产品全程实现冷链运输及仓储,公司拥有冷藏运输车5辆,恒温仓库1 500多米^2,冷库5个,冷藏配送车4辆,拥有专业的物流配送人员6人,能快速地将产品配送至客户家中。莱丰网直营店也在运作策划中,客户只需要在线上下单,就可以在社区内的直营店取货,这样就会减少了物流费用和运输损耗。

案例12:农业链电商服务平台

一、基本情况

1. 企业规模 由点豆(山东)网络技术有限公司(以下简称点豆公司)负责建设及运营。点豆公司为民营控股有限责任公司,成立于2014年12月,注册资本1 000万元人民币,旨在利用互联网,发展农业电子商务,服务新型智慧农业。旗下点豆农业链电商服务平台是国内领先的综合性涉农电子商务平台。点豆农业链电商服务平台以用户为中心,运用信息化技术,重点打造农资链、农副链、金融链、物流链、服务链为主体的五大链条,解决农民买正品农资难、卖农副产品难,解决农村"最后一公里"物流难题、盘活农村金融、解决农村人才创业难题,全力构建新型商业生态圈,实现精准扶贫,为智慧农业提供全托管一站式综合服务,助推农业现代化进程。

2. 主营业务 点豆公司旨在发展农业电子商务,服务新型智慧农业。点豆肥吧是平台主推的业务,肥吧是布设到乡镇的分布式智能配肥微工厂,利用物联网技术,自动接收会员配肥订单,可加工600余种配方;通过原料直达肥吧,借助F2C模式,去掉中间商,去掉库存,降低成本,节约了农民的投入;实现了订单式加工,一袋也可加工,精准定制配方,响应了国家测土配肥号召,减少了化肥投入,实现了增产增效。配送到点豆肥吧的是氮、磷、钾原料,配送物资的简化大幅度降低物流成本和库存压力。点豆肥吧提供乡镇范围内的物流配送服务,一进一出化解了物流瓶颈,破解农资产品下行难题。点豆以肥吧作为单点突破,逐步迭代和完善农资链、农副链、物流链、金融链、服务链的产业布局,并最终实现全托管式服务。重点开发山东市场，辐射河南、河北、江苏、东北等地，建设完成 110 个县运营中心、1 300 余个肥吧，带动就业近万人。

二、主要做法

1. 抢抓政策机遇 2013 年，中央 1 号文件提出深入实施测土配方施肥，要求加快测土配方施肥技术推广普及，强化配方肥推广应用，推进科学施肥技术进村入户到田。2015 年，中央 1 号文件提出了建设现代农业，加快转变农业发展方式的指导思想，鼓励大力支持电商、物流、商贸、金融等企业参与涉农电子商务平台建设。2015 年 7 月，国务院出台《关于推进"互联网+"行动的指导意见》，文件要求积极发展农村电子商务，并提出了具体举措，"互联网+"农业迎来快速发展。据权威机构数据统计，截至 2015 年年底，我国农资市场容量近 1.5 万亿元；农副产品市场规模更是超 4 万亿元，其中在线交易比例不足 1%，农业电商发展潜力无比广阔。

点豆农业链电商服务平台应运而生，把"互联网+"融入传统农业产业链，响应国家政策，推行测土施肥，紧抓时代脉搏，全力打造综合性涉农电子商务平台，服务于我国的现代农业，积极助推农业现代化进程。

2. 建设内容及创新点

（1）建设内容。建设以服务农民和农业为重点的点豆农业链电商服务平台，通过互联网、物联网技术和农村物流体系，降低农业成本，增加农民收入，带动农村人才创业，整合和运用农业大数据，为"三农"提供立体化服务。平台以服务用户为中心，运用信息化技术，以点豆肥吧为突破点，迭代农资链、农副链、金融链、物流链、服务链等五大链条，构建农业综合服务体系，最终为精准智慧农业提供全托管式服务。农资链以私人定制配方肥为核心，搭建品牌商城、发展 BOSS 联盟，解决农民买难问题；农副链搭建农副商城，通过产品标准化，将标志性农产品从原产地直达消费者，解决农民卖难问题；金融链以平台在线交易数据，为用户提供小微贷等金融服务；物流链整合利用农村闲置机械，解决农村"最后一公里"物流瓶颈；服务链以点豆商学院、研究院，聚合国内外优秀的专家资源，为新农村发展提供政策解读、创新创业、科技培训、精准扶贫等服务；整合运用农业大数据，推动中国农业迈向 4.0 时代。

（2）主要创新点。

① "互联网+"物联网，软硬件技术创新。创造性研发了看作物选农资软件功能，通过点选选择种植作物，软件自动定位农田位置，调用农业部测土大数据，自动推荐最佳肥料配方。公司研发了物联网智能终端配肥设备，并创造性地将互联网平台与智能配肥设备连接，实现网络平台自动控制配肥机的开启和生产，配肥设备自动接收网络平台的指令，可定制生产 600 多种配方。

② "互联网+"农业服务网点，线上线下相结合服务创新。公司在服务上探索，创新农业的"互联网+"，建设农业大数据和点豆肥吧，通过线上运营、线下肥吧和站点建设将农民、农村、农业的特殊情况与需求通过互联网的服务加以创新，实现线上线下相结合的服务创新。

③ "互联网+"农资微工厂，"分布式加工，私人定制"模式创新。通过平台和点豆肥吧进行模式创新，在农资方面，将直接面对客户的终端由传统农资店变为小型农资加工

厂和农资超市，现场生产加工，原料和生产过程看得见，实现农业服务新模式。

3. 解决的主要问题及方式

（1）"互联网+"农资，解决施肥过量，资源浪费，环境污染的问题，助推农资供给侧改革。贯彻国家对测土配方施肥的政策，将测土数据引入平台，使农民根据作物和土质进行配方施肥，实现精准施肥，避免浪费和环境污染。企业运用互联网平台和点豆肥吧作为工具，通过个性化定制生产出掺混肥，由于原料种类少，可以有效实现去库存、降成本，从而推进农资供给侧改革。

（2）"互联网+"农副，解决农副产品上行问题。通过农副产品标准化，促进农副产品销售，帮助农民增收。通过积极对接农副产品的加工企业，实现就地加工，转化为耐储存、有品牌、易流通的标准化商品，重塑农副农业链的结构，提升农副产品的附加值。

（3）"互联网+"农村金融，解决农民融资难、成本高等难题。通过运行金融链，为农民提供理财服务、资金互助、小微贷、众筹等农村金融服务。

（4）"互联网+"物流，解决农村物流"最后一公里"瓶颈问题，运用自建物流和整合农村闲置农用机械资源构建的全新农业物流链，通过物流专车、捎货配送、带货配送等灵活的配送方式，直达田间地头，解决了农村"最后一公里"物流瓶颈。

（5）"互联网+"扶贫，解决农民不会上网的问题，提高农民的信息和农业知识水平。互联网+扶贫，培养创新创业人才，助力精准扶贫。通过平台的信息服务，提高农民的农业和科技知识水平，带动农民创新创业，助力科技扶贫和农业信息服务。同时通过点豆肥吧的测土配肥，实现精准施肥，通过科技扶贫和精准施肥助力精准扶贫。

（6）互联网大数据。通过在平台中利用技术创新，充分运用先进数据管理技术和数据仓库技术，建设具有高效性、先进性、开放性的农业大数据库，实现了为农信息服务，使之可以进一步推进农业经济优化，实现农业发展数据化的交互。

三、经验效果

点豆农业链电商服务平台，整合业内 B2C、O2O、F2C 等资源，实现了 PC 端（电脑）、手机 APP、互联网三大网络合一的推广运营模式。

1. 成效

（1）在农资供应链中，通过整合产业链和供应链，减少中间流通环节，为农民生产个性化定制化肥，有效推进了农业供给侧改革，促进农业生产结构调整。

（2）点豆肥吧项目通过私人定制配肥，有效降低了农业生产成本，实现增产增收。通过减少中间流通环节，有效降低化肥的价格，从而实现农业生产成本降低 20％以上。在施用点豆私人定制配肥地区，使用点豆肥的作物生长状况明显优于使用其他复合肥的作物，作物产出明显增加，产量提高 10％左右。

（3）项目自运行至今，以一县一运营中心的标准，在 110 多个县建设县运营中心，在 1 300 余个村镇建立肥吧，带动近万人创新创业。单个点豆肥吧年服务人数约 3 000 人，覆盖人数约 400 万人。

（4）通过农业大数据分析指导合理安排生产资源与种植规划，协助安排农作物种植规划，推进了标准化生产，助力产业结构调整、产业链优化升级。

（5）电商扶贫成效显著。在山东乳山市，点豆肥吧项目作为扶贫项目受到乳山市政府和威海市政府认可，在扶贫村重点推广，已经在部分乡镇及村驻地建立肥吧 20 多个，服务覆盖人口超 20 万人。2016 年 7 月，点豆联合山东省科学技术厅联合打造"科技致富，精准扶贫"农业科技微课堂栏目，运用互联网在线上进行农技讲座和培训，参与人数超过 300 人。农民对这种接地气的科技下乡模式非常认可，反响强烈，山东电视台对此进行了报道。

2. 意义　点豆平台自上线以来得到了社会各界人士的大力支持。我国是农业大国，中国农业的崭新崛起必将改变全球农业格局。在这样的历史机遇面前，点豆农业链电商服务平台以敏锐的战略眼光，确立了打造全球农业链电商服务平台的发展规划，并脚踏实地展开布局。点豆农业链电商服务平台的诞生，紧跟中国农业当前发展变革的新潮流，符合市场经济的发展趋势，亦承载着亿万农民的期待，可以有效地推进农业现代化的进程，具有广阔的发展前景和重大社会经济效益。

案例 13：山东绿丰生态农业有限公司

山东绿丰生态农业有限公司，坐落于国家 4A 级景区五莲山风景区前麓，是以大、小樱桃为主的水果种植、休闲采摘、樱桃深加工为一体的大型生态农业综合体。公司荣获"山东省林业龙头企业""山东省饮料行业协会副理事长"等荣誉称号，园区被评为 2A 级旅游度假区，公司园区占地 100 多公顷，种植大、小樱桃、板栗、苹果、丰水梨、杏子等各种水果 60 000 余株。公司是中国唯一一家敞开观光式樱桃深加工企业，已具备年产高端樱桃汁 12 000 吨、樱桃酒 800 吨、樱桃脯 500 吨的年生产能力，能够现场为游客加工生产樱桃汁、樱桃酒、樱桃脯、樱桃果酱、樱桃保健枕等全系列樱桃旅游产品，爱樱维牌系列樱桃产品被评为山东省最受喜爱的旅游特产。近年来，电子商务发展迅猛，逐渐改变了人们的消费观念和生活方式。绿丰公司积极适应新常态，抢抓国家大力扶持发展"互联网+"信息化建设这一机遇，深入开展电子商务工作，实现了一、二、三级产业的跨越升级。

一、组建电商团队，开展电商工作

2013 年，公司成立电子商务部，由期初的 3 名，发展到 16 名电子商务专业人员，计划 3 年内发展 60 名。从上海、杭州等地区聘请电商高端人才，组建了高智能电子商务团队，主要涵盖了电商运营、市场营销策划和智能软件设计开发等业务领域，为公司电商发展提供技术支持和指导。

二、加大网络推广宣传，开发建设商城

（1）公司电商团队利用网络推广技术，积极运用软文、论坛 BBS、问答类网站、网址导航、IM 推广、社交网络、热点事件、博客、微博、百科及专业招商网站等，大力推广公司及产品信息，进一步提高绿丰生态农业和爱樱维知名度。通过电商平台推广宣传，产品订单捷报频传，招引了许多慕名而来的客商洽谈合作，成功开发上海、福建、广东、广西、宁夏、江苏泰州、扬州等客户。

（2）公司在开设淘宝企业店、1 号店旗舰店、工行融 e 购爱樱维旗舰店的同时，建设了营销型官方网站和微商城等网络平台。积极推进爱樱维樱桃汁 O2O 的商业发展模式，在济南、青岛高铁站、日照机场建设体验馆，设置商城二维码，实现了线上购买、线下体

验的网络营销模式，产销量持续提升。

（3）通过网络推广发放产品体验装、线上调查问卷等形式，实现产品的个性化定制。根据消费者反应的口味的不同，在口感上将爱樱维樱桃汁分为偏酸和偏甜两大口味，根据很多人反应血糖高的情况，专门研制了添加木糖醇的纯生榨樱桃汁；根据消费者喜好的不同，将樱桃果脯分为有核和无核两种，从包装上来说，分为适合白领的办公室小包装和家庭大包装；根据樱桃酒的主要消费人群的不同，樱桃酒分为 12°和 45°两个品种；消费者反映使用新面膜会有过敏等问题，使用草珊瑚面膜，基布本身便拥有抗菌消炎、清热解毒、祛痘除湿、活血止痛的作用。

三、合作与扶持并举，大力发展农业产业基地和农业旅游业

（1）公司通过土地流转、建立合作社等方式，与大旺、刘家南山、董家楼等村，建立绿丰樱桃种植基地 6 处，初步建立了"公司+合作社+生产基地"的生产模式。

（2）当好果农坚强后盾，扶持发展樱桃产业。公司每年以保底价格收购当地果农的樱桃，一方面增加了当地果农的经济收入，让果农吃上一颗定心丸，既打消了果农"果丰价低"、卖樱桃难问题，又增强他们种植、管理、发展樱桃的积极性；另一方面，也为公司发展储备了充足的原材料，为扩大生产规模打下坚实的基础。

（3）公司在积极宣传推广"爱樱维"的同时，主动宣传五莲山、九仙山良好的生态环境和旅游资源优势，把"爱樱维"融入到"两山"文化和旅游链条之中。公司与旅行社合作，大力发展集樱桃采摘、樱桃汁生产体验、樱桃系列产品销售于一体的乡村旅游网络。

为带动五莲县农业产业发展，真正做到"为耕者牟利、为食者造福"，公司已成功注册"诗意田园"品牌，将依托于五莲县的农业资源优势，将其农特产品以统一标识、统一包装推向全国，引领全县农副产品抱团营销推广，将有效地促进农村、企业共同发展，增加就业岗位，为农民增收。

案例14：莱芜市淘实惠电子商务有限公司

一、基本情况

莱芜市淘实惠电子商务有限公司于 2015 年 7 月成立，位于莱芜农高区方下镇。发展网点 150 余家，服务于 18 个乡镇的老百姓。公司积极响应国家政策推进电商发展，根据两会政府工作报告中提出的"互联网+"计划，重点集中发展农产品电子商务、支持农村电子商务。围绕新农村建设，结合农产品现代流通体系建设，促进产销对接，拓展网上销售渠道，实现农产品网上交易；完善农村网络购物环境，推进农村商务基础建设，促进农产品进城和工业品下乡双向流通的要求。与深圳智慧城动态科技电子商务有限公司进行合作，在莱芜地区隆重推出新型电商项目淘实惠，并成立淘实惠莱芜总部。负责莱芜市全部村镇的项目铺点，覆盖全市农村市场，全面推广新型电商项目淘实惠，以提高农产品商品化率、拓展农产品外销渠道、改善农村生活，从而推进本地城镇化进程。

淘实惠是依托互联网实现线下体验、线上购物的农村智慧型商店。集购物与便民服务于一体，是互联网延伸到现实生活的新兴商业形态，突破了地域的限制，打破了买和卖的界限，还集成购物之外的多种便民服务功能。淘实惠既是购物中心，又是服务、代销中心；既是当地枢纽，又是连接当地和外面世界的窗口，真正实现了一个店铺一个世界的生活新体验。淘实惠在把互联网思维运用到实体商店的路上做出了大胆的尝试，利用电子货架实现了无边界商品销售和零库存，利用两万多个网点把县域市场和全国市场连接起来。让更多的农村消费者花更少的钱，买到正品行货、同时享受到优质的服务，解决城市与农村产销及购物的对接问题。创造更多农村创业，就业的机会，吸引人才回流，加快农村信息化发展，促进互联网新农村的建立。

二、主要做法

通过以电子商务进农村综合示范镇建设为主抓手，坚持政府引导、市场导向的原则，培育和壮大农村电子商务经营主体，整合流通网络资源，搭建全市农村电子商务平台，打造农村电子商务双向流通渠道，加快农村电子商务支撑保障体系建设，以信息化促进产业发展，积极探索建立促进农村电子商务发展体制机制，使淘实惠电子商务成为莱芜全市在当地GDP不受伤害的前提下，做到经济转型的重要引擎，成为农民增收的重要渠道。

1. 成立县级运营中心 通过运营中心的整体把控，整合各方资源，打造本地一体化、智能化、信息化生活服务平台，实现本地电子商务在农村地区的普及应用。组织整合本地现有的包括网站建设、仓储物流、特色产品推广、信息交流、视频互动等各类网络资源，合理布局网点，构建培训系统，搭建物流供应链，实现农作物返销，并通过平台建设实行会员制度进行高品质服务及快速精确的账务结算。平台还会有效地与当地社区平台、第三方服务资源及政府政务服务对接，打造全方位的便民服务。

2. 建立智能化培训系统 借助淘实惠的全国平台优势，结合本地的网络资源，搭建培训系统，定期对农民进行互联网、电子商务的培训并辐射网商、社会青年、供应商和企业家等人群，培养一批实战型电子商务人才。除此之外，该系统还能协助农民利用互联网系统进行自主创业，支持社会青年和大学毕业生创办电子商务企业或开展网络销售，带动培育一批电商人才。淘实惠运营中心牵头组织，结合本地相关部门的配合，开展电子商务人才培训。各网络运营单位要充分发挥自身技术和人才优势，主动向企业传授电子商务知识，帮助企业解决硬件设施和技术软件方面存在的困难，指导企业通过网络采集与发布信息、进行商务谈判和交易结算，为企业开展电子商务提供技术和智力支持。

3. 培育和发展电子商务孵化工作 通过县级运营中心，借助淘实惠平台扩大电子商务在农村的应用范围。依托互联网，有效整合本地资源优势，渗透到农村生活、生产、教育、培训、服务等各个方面，构建本地农村电子商务发展新的生态圈。鼓励有条件的流通企业及农家店参与"全企入网、全民触网、电子商务进农村"工程建设，农家店向"店商"与"电商"融合发展，成为网购提货终端和网销服务点、成为农民居家消费的贴心店。具备条件的企业可借助淘实惠平台与原料供应商和产品经销商、淘实惠全国近100 000家终端网点、1 000家国内优质品牌商、淘实惠合作社区建立起网上供应链关系，运用淘实惠平台开展信息传递、业务洽谈和购销交易活动，降低营销成本。已经建立网站的企业，要总结经验，充实设备和技术人员，大力探索开展企业与企业、企业与消费者电子交易活动和网络营销活动，构筑企业网上交易平台。

4. 建立完善的乡镇物流配送体系 淘实惠可以利用布点到各乡镇、农村的服务站，整合现有乡镇商贸中心、配送中心等流通网络资源，建立健全适应农村电子商务发展需要的物流配送支撑服务体系。从而，实现快递到乡镇，配送到村，配送能力大幅提高，物流成本有所下降，流通效率极大提高。解决农村物流配送的"最后一公里"问题。当然，这需要本地乡镇、农村相关机构的配合。

5. 开设淘实惠智慧商店和各级服务站 县域一级设立服务体验店铺，村级设立体验网点，通过门店多功能实用性操作及各种增值服务满足百姓购物需求，实现客户端价值。

6. 搭建淘实惠特色农产品反向销售平台 淘实惠可以利用其全国网点和电商平台，拓展本地农产品的外销渠道。以县域主导产业，特色产业为基础，进行当地特色农产品网上销售并带动本地特色商品在渠道、知名度和美誉度宣传等方面的提升，打造地方农产品品牌。

三、建设效果

电子商务作为现阶段最先进的交易方式，它的存在对于县域区域农村经济发展有着强大的推动力。

1. 解决农民"买难"问题 一是利用淘实惠面积小、品类多、布点容易的优势，将"大超市开到农民身边"；二是自有供应链形式，在县内建设自有物流、供应链系统，除了进行淘实惠物流工作以外，辅助县内其他物流产业，严格把控，细致筛选，保证村民购买到 100% 的正品；三是依托互联网，整合本地具有优势的商品资源，满足本地居民的地域化需求和个性化需求；四是通过淘实惠平台，帮助本地企业实现互联网、O2O 转型，打造"县域电商自生态"，实现本地农村电商的良性发展。

2. 解决农民"卖难"的问题 一是建立农产品生产、收货、包装标准化系统；二是严格系统的品控体系，打造县域自有农产品品牌。帮助农民将自有产品包装上市；三是借助淘实惠平台实现农产品扁平化销售，销往全国 200 多个城市。

3. 实现农村信息化 一是帮助传统企业品牌进行互联网转型，实现品牌电商化；二是鼓励大学生返乡创业，吸引高素质人才利用现代技术参与项目，促进农村发展和加快农业现代化的进程；三是建立信息化、一体化的新型 O2O 模式，让村民足不出户便可以购物、办事，享受便利的本地生活。

4. 解决本地人才培养问题 在当地建设专业培训中心，为本地居民提供专业的电商、农技培训服务，以满足当地农村电商发展的需要，同时优化本地人才结构，提升地区竞争力。

5. 建立互联网新农村 在全市全面实行商家大联盟，实现商品无缝对接，深化本地自生态建设，建成淘实惠物流专线，切实解决老百姓的"买难""卖难"和农村"最后一公里"的物流问题，助力本土企业发展，通过淘实惠全国平台及渠道，让当地农产品上行，提升本地 GDP，同时淘实惠培训电商人才，提供就业机会，把人才留在当地，吸引人才返乡创业。为打通农村"最后一公里"物流，现已配置物流车 10 辆。

案例 15："互联网+基地+用户"打造放心生鲜供应链

一、基本情况

山东沂蒙优质农产品交易中心有限公司，成立于 2009 年，是临沂市商务局农产品质量追溯试点单位，临沂市供销社农业产业化企业，山东省中小企业 2015 年"互联网+"卓越平台单位，山东省电子商务示范企业。公司以临沂市蔬菜、果品、粮油和养殖业 4 个专业合作社联合社为基础，联合全市农产品企业、专业合作社、农产品经纪人和规模化种植户共同参与经营，打造了从基地到销售终端的生产、加工、检测、配送和监督保障体系，建设了菜润家（B2B2C）商城同城配送平台。公司自建蔬菜水果基地（科技示范园）21.4公顷，合作生产基地667公顷。按照全国供销总社北京中合金诺认证的《良好农业种植规范》等标准种植，承担了临沂市商务局农产品质量追溯试点任务。

二、主营业务

菜润家（B2B2C）同城配送平台上，集中了临沂全市优质、特色农产品在线展示、销售，网上下单结算，主要为企事业食堂、中小学校食堂、社区幼儿园食堂和饭店、宾馆配送蔬菜水果。为社区居民家庭配送蔬菜、水果定制套餐。用户通过菜润家网站、手机微信、电话和手机客户端下单。批次定性检测，统一加工包装，产品达到无公害、有机标准。先进的"大量样品农残速测仪"等装备、检测设备和完善的管理体系，保证了产品的种植、采购、加工和出库配送质量，客户满意度和市场占有率保持在同行业领先水平。经营中秉承"生态沂蒙山、绿色农产品"的核心价值观，坚持技术创新和管理创新，全面推行卓越绩效管理和精益生产方式（LPS），大力实施精确营销和品牌战略，生产经营效率持续提高，成为全省、全市供销社系统助推优质农产品发展的示范企业。坚持不懈地推进标准化生产经营，不断加强国内外技术、管理、品牌运作方面的合作与学习交流，在产品种植、规范化管理、收购加工配套体系人力资源和市场营销等领域逐步迈向标准化。2016年建设的生态园自种自采休闲娱乐项目，让城市居民看到、体验到质优、价廉的蔬菜、水果种植，放心食用并享受其种植采摘乐趣。

三、建设内容

随着经济发展和人们生活水平的日益提高，农产品流通速度、生产规范、产品质量、方便快捷的产、销、供等问题成了供需矛盾的焦点。生存质量、产品质量和流通质量问题日渐突出。而农产品对保证经济社会发展、提升人民生活质量、确保人们身体健康、保持社会稳定，都具有十分重要的基础性作用。尤其我国是农业大国，农业始终摆在国民经济的基础地位。解决了农产品问题，不仅对我国经济发展和社会稳定至关重要，而且对本地区乃至世界经济发展也有重大意义

在"互联网+基地+用户"打造放心生鲜供应链体系中，立足创业创新，按照全市供销社推进农产品电子商务发展，实施"双网络双平台工程"（实体网+互联网、线上+线下）发展战略，围绕"基地种植、网上营销、实体体验、优品我买"经营目标，聚焦用户需求，打破盈利瓶颈，创新服务思维，提升"沂蒙绿源"品牌美誉度和客户忠诚度，进一步增强用户的放心性、亲和性、喜爱性，甚至使用户产生对"沂蒙绿源"品牌的依赖性，成为行业经营的掘金者、"服务制胜"的领军者。使生产者、经营者、用户实现更高水平的三方共赢。

菜润家采用PC端、手机商城（WAP商城）及微信客户端同步运行，并与售后服务质量追溯系统无缝集成，将种植、管理、采摘、收购、加工实施全程监控并嵌入到服务全过程中。与用户形成信息化交互平台，实现用户在线参与，请用户对服务过程监督和实时服务评价。推动菜润家营销体系形成。

菜润家自营的蔬菜、水果种植示范基地种植了时令蔬菜、瓜果，并有休闲种植采摘

园。示范园建有68个标准化蔬菜种植大棚，28个水果温室大棚，14.7公顷蔬菜示范种植基地。采用PC端、手机商城（WAP商城）及微信客户端同步运行，并与售后服务质量追溯系统无缝集成，将种植、管理、采摘、收购、加工实施全程监控并嵌入到服务全过程中。与用户形成信息化交互平台，实现用户在线参与，请用户对服务过程监督和实时服务评价。生产的无公害、有机蔬菜水果，培养了消费者的信任感。树立起"优质示范园"的品牌形象，成为了菜润家开展线下体验活动的基地，确立了菜润家在临沂市无公害、有机农产品领域内的领跑者地位。

与专业合作社合作建设的生产基地，实行"定技术人员、定种植标准、定种植数量、定种植品种、定质量责任"的六定规范种植管理措施，采用"规范定种，以销定产"模式。用大数据分析，让一切可接触到的生鲜农产品数据都参与到制订生产计划中来。来源3个方面：一是用户历史合作行为；二是互联网上的购物行为及显现的行业发展趋势；三是基地的种植能力。通过数据分析指导生产、采购、收储、加工、配送过程中的生鲜供应链控制，同时，对生产、储存、加工、出库和配送等环节KPL考核，菜润家的生鲜产品损耗率仅为6.8%，低于业内20%的平均水平。

通过实时监控技术，把植物的生长数据，包括土壤、水分、用肥、用药等情况，实时传递给公司ERP系统中。菜润家做到了"从田间播种到蔬果上桌"的每一个环节都有追溯记录，做到了"日新日配"，确保消费者食用的每颗蔬果都是无公害的、天然的和安全的。

四、主要做法

1. 技术创新 公司菜润家商城系统采用全新的PHP框架模式，同时将PC电脑端商城系统扩展到移动互联网。商城系统的移动互联网端的实现，主要通过手机商城（WAP商城）和微信商城。菜润家商城系统注册/登录方式，除了传统的注册/登录方式外，还为用户提供第三方信任登录方式，方便用户使用。在配送地址管理中，菜润家商城系统新设社区管理模块，用户可根据具体需求进行自行选择。

2. 服务创新 服务过程创新管理、结果反馈。为实现"日新日配"的目标，给消费者提供最满意的服务，培养了一批专业的处理生鲜产品问题的配送团队，并授予一线配送人员在一定范围内直接解决问题的权力，做到了接到问题投诉后半小时内回复处理。投资2 100万元建设了冷藏库、汽调库、蔬果加工于一体的生鲜农产品仓储加工基地。培养了一支专业的配送队伍，配备了数量专业配送车辆。

运营中寻找利益最大化和服务最优化，以最佳方案解决服务与利益问题的矛盾。逐步选择了合作生产基地的产品采购量，减少自营基地的多品种种植量。采用对合作基地的合作监管辅导式订单生产，接受公司总部品控质检和质量把关，确保合作基地按标准生产产品。在素有"鲁南菜园"之称的临沂市兰陵县发展9处合作生产基地。

3. 模式创新 菜润家通过"互联网+"示范种植基地、合作生产基地+用户，打造放心生鲜供应链，实现示"日新日配"放心食用。促进"互联网+"物联网优质农产品供应链体系建设。

4. 组织创新 对基地、品种的选择实施综合评价选择。

（1）选择无污染的种植环境。

(2) 根据产品的特性、土壤最适合的区域种植。

(3) 有规模、有能力、有标准。

(4) 选择高标准种植、高品质产品。

(5) 公开信息，接受监督。

(6) 不求规模大，但求质量好。

五、经验效果

以无公害标准化农产品为主打产品，以食堂、饭店、家庭套餐为群体。通过自建、合建生产基地、自建 B2C 平台配送体系，创建了一条从生产到销售的生鲜产业链。基地直供解决了农产品透明生产和安全控制问题，生鲜冷链配送解决了用户"最后一公里"的服务需求。

1. 加快产业质量升级　成立物联网攻关团队，用先进技术、先进设备、先进服务开拓高端消费群体。通过互联网大幅度提升产品销售的品牌形象、服务形象，促进产业升级。

2. 加大市场开拓和攻关能力　用大数据分析与用户合作的关键点、接点好结合点。用过程体验法让用户体验产品、接触产品、享受产品，进而点赞产品。体验从开始就是有目的的消费过程，在体验经济下，商品即道具，发挥体验的长处和特点，将安全、优质等元素有效融入到产品道具中。使示范园成为居民体验田园生活的好去处；"日新日配"让用户品尝到新鲜、绿色、原产地的味道，唤起记忆中的"老家"味道，或者是"奶奶家""姥姥家"吃过的回忆，经历过的农家风俗和情调。

3. 经济社会效益　随着人们生活水平的不断提升，人们对生活质量的需求也越来越追求精、细、完美，产品质量标准化是人们的基本要求。由此，也推动了产品系列化、标准化、更加科学化发展。菜润家自成立之日，以追求标准化为基点，着力打造日臻完善的生产经营链条，在基地建设和创新电商服务平台中，采取利益共享、合作共赢的经营方式，带动了全市 6 万多公顷优质、特色蔬菜、2 多万公顷水果标准化生产，有效整合了"生态沂蒙山、绿色农产品"特色资源，使企业在农产品领域不断创新、不断发展。

案例 16：实施"互联网+"农业种子，促进现代种业健康发展

一、基本情况

山东冠丰种业科技有限公司是 2000 年在冠县种子公司基础上，经股份制改造建立起来的适应市场经济的高新技术企业，注册资本 1 亿元。历经十几年的奋斗与发展，现已成为集科研、生产、加工、销售于一体，拥有完善的加工、贮藏设施和检验加工设备，具有强大市场竞争力和全国范围经营许可证的大型专业种业公司，生产规模、良种质量、研发能力在全国种子行业中名列前茅。近年来，公司被评为"农业产业化国家重点龙头企业""国家火炬计划高新技术企业""国家扶贫龙头企业""国家农业生物技术产业技术创新战略联盟理事长单位""中国驰名商标""主要农作物种质创新国家重点实验室"依托单位、"中国种业骨干企业""中国 AAA 信用种业公司""国家认定企业技术中心""国家第三批创新型企业""院士工作站""博士后科研工作站""山东省高新技术企业""山东省农业产业化重点龙头企业""山东省第九届消费者满意单位""中国专利山东省明星企业""农业

科技创新型龙头企业""ISO9001：2000 管理体系认证企业""山东省扶贫龙头企业""山东省最具发展潜力民族企业第三位"和"山东省企业技术中心"。

二、主要做法

以简便机械化为主要标志的农业 2.0 时代已经过去，而以智能化、标准化、定制化为标志的农业 3.0 时代已经到来，互联网将成为我国现代农业发展和经济增长的新"红利"。"互联网+"农业种子就是利用互联网大数据分析进行农作物种子研发，提高育种水平，加快育种进度；利用 GPRS 定位和无线传感网络技术采集种子生产现场数据，加强对种子生产的质量控制，增加种子可追溯性；利用互联网电商平台及时发布供种信息，网络销售，加大种子销售渠道和推广力度。

构建基于互联网的农田环境远程监控系统，改变传统的信息采集模式，实现农作物生产信息的实时检测与控制，并在专家知识库辅助下，实现农业生产的智能化、科学化管理。一是构建基于互联网的农作物生产智能测控系统，改变传统的信息采集模式；二是通过农业智能产品的应用，实现农作物生产信息的实时检测与控制；三是将专家系统知识嵌入农业智能产品，为生产者提供技术服务，实现农业生产的智能化、科学化管理。

1. 信息采集系统 信息采集系统包括信息采集、协同处理、智能组网和信息服务。生产信息采集终端要完成农业生产信息的采集与预处理，并把信息通过无线网络传输给信息中心。采集信息包括空气温湿度、土壤温湿度、风速、二氧化碳浓度、作物生理信息检测（如作物含水量等）、降水量等，可根据需要灵活选择。采集终端还带有精确计时的时钟及 GPS，可准确标定采集信息的时间、地点等信息。系统开发采用了模块化结构。

2. 信息传输系统 针对农田信息采集环境多变、复杂、覆盖面积大等问题，展开了深入的研究。在农业大田环境，随机部署无线传感器多跳自组织网络，利用网络节点控制的传感器采集数据信息，并发送到远程用户监控系统，节点不但具备信息采集、处理、发送的功能，还兼具为其他节点提供路由的功能，以方便实现一种分布式传感器网络，并且实时地采集监控区域的农田信息。系统不仅能够对大田做出整体控制，而且还能对局部区域做出精细控制，满足不同作物对环境的不同要求，以达到最大收益的目的。系统由无线信息采集终端、本地上位机、无线传感网络、GPRS 网络及远程上位机 5 部分组成。利用数据库技术和网络结构，实现底层控制网络与 Internet 的无缝集成。利用 ADO 控件（ActiveX Data Object）访问数据库，以实现监控过程信息对数据库内容的实时更新。为适应农业数字化和信息化的要求，在物联网信息中心的监控端，将农业远程监控与信息管理集成为一体，融合无线网络和 Internet 技术，实现底层控制网络与 TCP/IP 信息网络的无缝连接。系统采用基于互联网的 3 层网络结构。该 Web 系统由无线监控计算机、Web 数据库系统、Web 服务器和客户端（包括局域网内的本地计算机和 Internet 客户端）组成。所以，信息中心既可实时获取现场的信息数据和发送控制指令，又能实现农业生产信息资源的共享。

3. 信息分析处理系统 信息分析处理系统即智能控制终端，智能控制终端是自动控制系统的核心，接收信息采集终端发送来的信息，并进行处理，结合专家系统或智能算法实现对现场设备的自动控制。信息接收方式有多种，既可通过 GPRS 网络实现信息接收，也可通过无线采集网络的网关节点直接接收采集信息。智能终端通过 RS232 接口实现与上位计算机的连接，即可通过上位机实现现场设备的自动调控，也可通过终端直接操作。

三、成效

（1）通过"互联网+"农业种子项目的实施，产出品质更好、产量更高的优质良种，满足市场对优质粮食食品的需求，粮食食品是人民生活的必需品，消费量大。随着人们生活水平的提高，国际国内市场对粮食加工食品量要求越来越高，虽然多数农产品供大于求，但进过严格质量检验的无公害粮食产品却严重缺乏，供不应求。对产品进行全过程检测，可以有效提高食品质量，推进无公害生产，从根本上提高食品的竞争力和商品率，促进粮食加工业产业结构调整，扩大了粮食加工产品的出口创汇，增加农民收入，同时满足市场对优质粮食加工食品的需求。

（2）通过"互联网+"农业种子项目的实施，促进农业生产及社会经济的发展，带动了优质玉米、小麦种植业的发展，有利于加快农业结构战略性调整。使企业适应了农业良种育、繁、推、产、加、销一体化发展，通过这些条件的改变，确保种子质量达到国家规定标准。

（3）通过"互联网+"农业种子项目的实施，可为项目区及周边地区的劳动者提供多项就业机会，包括工程建设、农机具作业及良种的生产、加工、销售等方面。

案例17："互联网+"现代农业综合服务示范推广

一、基本情况

史丹利农业集团股份有限公司成立于1992年。2011年，史丹利A股在深圳证券交易所上市（股票代码：002588）。在山东、吉林、广西、湖北、河南、江西、甘肃等地建有11个生产基地，年总生产能力580万吨，高塔复合肥、高浓度复合肥等产销量稳居行业第一。在全国31个省（自治区、直辖市）建立了以县级为单位的3 000多个销售服务网点，实现了在全国研发、生产、营销和服务的总体布局。公司是国家重点高新技术企业、全国科技创新示范企业、全国最大的高塔复合肥生产基地。公司科技研发实力雄厚，拥有授权专利80项，国家科技进步二等奖1项。公司是中国磷复肥工业协会、中国农技推广协会副理事长单位，山东省化肥工业协会常务理事单位及中国腐殖酸工业协会会员单位。

公司是专业从事高塔复合肥、高浓度复合肥、硝基复合肥、生物肥、缓释肥、海藻肥、水溶肥、土壤调理剂等新型肥料研发、生产、销售及农化服务于一体的上市企业。公司先后组建了国家企业技术中心、功能性生物肥料国家地方联合工程实验室、国家博士后科研工作站等高端科技创新平台，形成了集科研、开发、试验、示范、推广于一体的研发体系。相继与国家杂交水稻、玉米、小麦、蔬菜、棉花等工程技术研究中心及清华大学、中国农业科学院、上海化工研究院等30余家国内高等科研院所深度合作。通过在海外新建研发中心、投资并购等方式，实现国际研发生产战略布局。与美国普渡大学合作建立新型肥料研发中心，与荷兰瓦格宁根大学合作建设现代农业科技示范园，广泛推广应用种肥同播、水肥一体、无土栽培、智能温控等现代农业新技术。公司先后承担国家星火计划、国家火炬计划、国家重点新产品计划及"十三五"国家重点研发计划等30余项国家级和省级重大科研项目。通过省级科技成果鉴定42项，其中4项达到国际领先水平，14项达到国际先进水平；获得省部级科技奖励12项，省级优秀节能成果奖2项；参与制定国家标准3项；拥有国家重点新产品6项、中国驰名商标2个。

二、主要做法

1. 实施背景 在国家宏观政策引导下，史丹利公司深刻认识到大数据、云计算、移动互联、物联网等新一代信息技术，将彻底改变农业竞争环境。因此在做强做精新型肥料主业的同时，面对农业产业链互联网化对生产经营方式带来的巨大变革，史丹利引领复合肥行业信息化进程，加快转型步伐。相较于外来资本，从事实业经营的史丹利在过往农资供应领域所积累的众多资源、渠道、客户，都将成为公司未来转型发展的特有优势。

2. 建设内容 一直以来，公司始终坚持两化融合，成立专门的企业机构——信息中心，积极利用信息技术的"倍增性"和"渗透性"，支持企业在产品研发、生产、销售、服务等环节实现信息采集、加工和管理系统化、网络化、集成化、信息流通高效化和实时化，提高企业生产效率、管理水平和产品竞争力。

2010年，公司引进国际领先的SAP系统，通过引进吸收再创新，成为国内复合肥行业首家全面实现信息化管理的企业。先后实施上线了EB电子商务系统、BO智能分析系统、经销商POS系统、高效管理平台、资金管理平台、HR系统、SRM采购管控平台、"掌上史丹利"系统和二维码系统等项目，全面实现了信息流、资金流、物流、人事流的"四流合一"。

2015年，公司出资5亿元设立史丹利农业服务有限公司，采用"互联网+金融服务+现代农业+粮食收储"相结合的模式，以互联网为载体，以种植大户、家庭农场和农业合作社为服务对象，初步建立了史丹利农资一体化、农业金融服务、现代农业服务和粮食储存销售服务四大平台，为其提供包括种子、化肥、农药、农机、农技、粮食贸易、金融和信息等服务的综合性农业解决方案；在东北地区开展粮食收储、粮食加工销售等业务，以集约化、专业化、组织化的农业服务配套提升种植效率，开启精准农业全产业链综合服务，实现公司从肥料制造商向农业综合服务商的转型升级。

（1）总体建设内容。基于"互联网+"的时代背景，史丹利立足现实，着眼未来，积极筹划极具行业特色的"史丹利互联网电商+农服平台"，努力围绕平台建设目标的四大目标，为经销商搭建农服平台拓展营销渠道、利用熟人经济拓展市场增加用户数量、接触并掌控营销渠道及终端、增加用户黏度，整体规划、全面布局，力争通过平台占位，整合营销，带领渠道商转型升级、形成区域壁垒，从而强力提升企业竞争力。

（2）农服平台建设内容。根据农资销售行业特点，以农村的熟人经济为核心，发展代理人，利用代理人协助经销商发展种植大户会员、散户会员，帮助经销商找到真正消费会员。实现大户会员、散户会员、代理人代会员向运营中心（经销商）下达订单，由运营中心指派代理人进行配送。实现销售订单的信息化管理，以互联网运作模式解决赊销问题。立足史丹利的品牌，着眼未来发展，打通客户与经销商之间的沟通，运用先进信息技术和互联网思维理念拓展营销渠道，帮助经销商提高运营效率和管理价值的全面升级。

（3）粮食仓储贸易建设内容。公司建立农业产业信息平台，为农户提供农产品供需量、农产品市场价格、农化知识等一系列资讯服务，提高农户的现代化信息传播路径；为农户定制一体化解决方案，与农资、农机的销售与服务提供相结合，对接史丹利农产品交易市场的收购与存储方案，为农户提供市场化的农业配套服务，切实解决农民卖粮难的问题，有效保障农民的基本收益。

（4）金融服务平台建设内容。通过信息化手段，打通网络在线支付渠道，提升用户体验的同时，增加经销商现金流量，减少资金压力。平台支持微信支付、支付宝支付、POS支付、浦发银联在线支付，并实现充值、订单货款全部清算给经销商，定金多倍送活动收取的定金直接转入经销商银行账户，对经销商来说既便利又受惠，可有力调动经销商的平台使用积极性。

3. 解决的主要问题及方式方法

（1）技术创新。通过互联网信息化智能管理，将采购、生产、营销、物流、财务五大中心紧密衔接，明显提高运营效率，使生产更加适应市场需求的变化，缩短市场响应周期，为行业快速发展提供强有力的信息技术支撑。通过对用户大数据，经销商库存数据的整合分析，使生产基地更准确地产生产品需求计划，解决了资源浪费的问题，通过下游，统筹上游，实现资源优化，减少库存量。

（2）组织创新。以史丹利农业服务公司为依托，以农业合资公司和经销商为支点，设立运营中心，相继与国家杂交水稻、玉米、小麦、蔬菜、棉花等工程技术研究中心及清华大学、中国农业科学院、上海化工研究院等30余家国内高等科研院所深度合作，制订区域主要作物种植管理方案，为大型农场、农业专业合作社、种植大户提供系统的农业种植服务方案。

（3）模式创新。采用"互联网+农资+现代化农业服务"相结合的模式，以互联网为载体，以农业合作公司或经销商为用户，建立农业服务平台，通过整合上下游资源，进行全国布局，成立农业合资公司，为其提供种、肥、药、农机、收储、贸易等全产业链农业服务，建设"四大平台"，即农资一体化平台、农业技术服务平台、农业金融服务平台和物联网信息化服务平台，实现从传统的肥料制造商转型为中国大农业服务商。

（4）服务创新。公司构建集种子、肥料、农药、农机及技术服务为一体的行业综合服务平台，整合优质经销商资源，通过部分规模种植大户及农场主的示范带动，吸纳更多的合作社和种田大户，由公司提供包括政策指导和金融服务、生产资料规模采购、技术指导培训等农业整体化种植解决方案，从而提高农户生产技能，降低农业生产成本，增加农户收入，实现粮食加工转化、订单销售、粮食银行和期货套保全产业链的有效贯通。

公司计划组建县级运营中心 1 000 余家，乡村服务站 10 万家，服务农村会员 100 万人，服务土地种植面积 133 万公顷。

三、经验效果

1. 构建数据收集系统（框架），**优化数据整合渠道，实现信息化管理简单化** 史丹利信息化平台统一了管理平台，将数据做到底层，各系统之间通过实时的更新完成信息的交流与互动，避免信息孤岛的产生。同时，信息化平台将采购、生产、营销、物流、财务五大中心紧密衔接，明显提高运营效率，使生产更加适应市场需求的变化，缩短市场响应周期，为企业快速发展提供强有力的信息技术支撑。

2. 通过"互联网+"现代农业综合服务示范推广，实现由传统肥料制造商向中国大农业服务商转型升级 随着我国农业的不断发展，农村劳动力的持续转移，新型农业经营体系也加速形成，种植大户、农业合作社、家庭农场的数量不断增加，规模不断扩大。面对日趋激烈的行业竞争，为了实现公司跨越式发展，公司制订了向农业服务商转型的发展战略，致力于从单一农资供应商向综合农业服务商的角色转变，为种植大户、农业合作社、家庭农场等提供包括种子、化肥、农药、农机、农技、粮食贸易、金融、信息等一体化服务，开启种植全产业链综合服务，实现转型升级。

3. 通过实施两化融合模式创新，实现了企业跨越式发展　公司注重工业化与信息化的深度融合，在同行业首家引进国际先进水平的 SAP 信息管理系统。2014 年被国家工信部列入全国复合肥行业第一家能源管控示范企业，同年被认定为山东省电子商务企业；2016 年入选国家工信部两化融合管理体系贯标试点企业，公司两化融合的深入实施，引领了全国复合肥行业的信息化进程。

通过平台直连用户，整合资源，大幅度降低了种植成本，提高了单位面积产量和产业链各环节的用户利润，增加了技术辅导在种植过程中的作用，为企业快速发展提供强有力的信息技术支撑。使得 5 年内销量增长两倍、利润增长 5 倍的目标得以顺利实现，完美诠释两化融合 1.0 阶段的收益成果。"互联网+"大农业项目的实施，通过专业化运营、高效化种植、良好的金融服务、完善的收储加工等全产业链农业服务，实现企业转型升级。已累计投资 5 亿元，流转土地 10 万余亩，服务土地 30 万亩。

史丹利公司将充分应用现代信息和网络技术，依托各类科技创新载体，整合各种科技服务资源，推动技术集成创新和商业模式创新，成功实现由两化融合 1.0 向"互联网+"2.0 时代的跨越发展，进一步增强企业在信息化领域的创新发展，提升企业核心竞争力，助推中国农业科技进步。

案例 18：货郎鼓乡村电子商务服务平台

一、基本情况

货郎鼓乡村电子商务服务平台项目由泰安凌云商社集团旗下山东爱尚家网络有限公司实施，泰安凌云集团不断探索和寻找电子商务与农村、农业、农民的结合点，策划了"互联网+"农村——货郎下乡工程，依托山东爱尚家网络有限公司，打造"货郎鼓"乡村电商平台，致力于更好地服务于农、优惠于农、方便于农，切实有效的保障农民的利益。

山东爱尚家网络有限公司主营业务是建设运营社区 O2O 生态电商服务平台，借鉴英国 Argos 社区电商模型，搭建 B2C、B2B、O2O 三者融合的爱尚家（www.asj.com）独立自建系统，PC 端、移动端下单，社区 O2O 门店 10 分钟急速达配送和上门服务，服务社区居民，服务供应链商家，服务社区门店，以遍布全县各乡、镇、村的直营门店、连锁门店和加盟门店为依托，线上平台统一接单，县域中心仓统一配送，社区门店分仓配送，推动网上便利消费进社区，便民服务进家庭，打造城乡双向便利消费网络，线上网络和线下门店完美融合的电商服务系统平台。

二、主要做法

货郎鼓乡村电子商务服务平台项目以"建设'互联网+'乡村，续写货郎文化，鼓起电商创富风帆"为主题，依托宁阳县丰富的农副产品资源，结合多电商平台资源载体，以农村日用消费品、农资和农产品流通体系建设为抓手，以方便农村群众生活、引导广大居民线上新的消费形式为出发点，让宁阳农村电子商务产业集聚化、规模化、品牌化，助力宁阳电商行业的"互联网+"农村建设。通过实施"货郎鼓"乡村电商项目，利用3年时间，建成应用普及广泛、支撑体系健全、配套服务完善、产业相对集聚的农村电子商务发展格局，为农村电子商务的发展提供发展平台和推广载体，配套建立农村物流配送体系，在支线物流配送"最后一公里""最后一百米"上取得重大突破。货郎鼓电商发展思路是：一是打造农村电商交易平台，通过"多渠道，同平台"模式打造具有产品溯源体系、代购、导购服务、双向物流等作用的交易平台；二是打造乡村电商产业园基地，通过发展区域电子商务产业园区，打造农村电子商务聚集区域，推动农村电商模式创新；三是打造中心城市形象馆，建设"互联网+"精品馆的特色农副产品的形象和交易展厅，按照市场规律和大数据业务推进农村电子商务的发展。

三、经验效果

货郎鼓电商是宁阳县政府直接关心领导下开展的一项惠及三农、利于企业、互联城乡、促进"互联网+"宁阳发展的重要推进项目，根植于农村，集商品、配送、服务为一体，引导村民实现网上购物新体验，实现本村特色的农产品精装打造，通过货郎鼓乡村电商服务平台完成商品定制和上线需求，走出宁阳的重要渠道。凌云集团下一步将一如既往地做好货郎鼓乡村电商的运作及推广工作，全力整合各乡镇村资源，实现全渠道推广和智能化运营，全面落实"互联网+"宁阳的电商时代，加快宁阳经济发展，加快全民创业的新步伐，继续做好"互联网+"宁阳的电商工作，服务大众，品质追求永恒，不断带动宁阳县人民进入"互联网+"时代。

案例19：杞农云商"互联网+"特色农产品

一、基本情况

山东新易泰产业园位于新泰市，由广州新易泰物流公司投资建设。一期投资3.2亿元，占地8公顷，建筑面积近11万米²，其中电子商务营业面积约3万米²，物流商贸区营业面积约2万米²，仓储配送中心面积约1.5万米²，农产品电子商务采购中心面积约3万米²，办公辅助设施面积约7 300米²，可同时容纳上千家企业同时办公，可为上百家企业提供仓储、贸易、配送等综合性的服务。园区已成功孵化出山东杞农电商公司、山东买卖提电商公司等多家企业。山东杞农电子商务有限公司创新"互联网+"优质特色农产品"买卖提"全链条精准服务模式，链接山东农业大学大数据中心、"买卖提"农村电商服务站、城乡货运公交、仓储加工、物流配送、微店、产业链金融、生产、质量监管九大板块，是信息交互、实体配套的闭环式产业链经营模式，首创了全新的以销定产精准高效营销模式。公司聘请了北京太极禅品牌管理公司原CEO黄毅、清华紫光原供应链总监陈振宇等高端电商人才加盟，为企业发展提供人才和人脉资源支撑。

"买卖提"农村电子商务服务站通过"一个村庄、一个店长、一台电脑、一台大屏、一根网线、一套系统"的"六个一"标准配置模式，帮助加盟服务站从线下体验和营销到网上交易提供各类增值服务及物流配送，实现互联网化、大数据化。为传统商店在原有的基础上扩展商品线、增加销量、增加增值服务、增加收入、实现互利共赢，合作发展。

买：帮助农民从网上代买农资、日用品、百货、网上代订票、网上代缴水电费、话费等其他百姓所需服务。

卖：帮助农民将本村的一系列的优质的农产品，通过买卖提策划加工包装成商品，进行全网营销。

提：提升农民的生产生活方式，是商业模式的根本变革，围绕农村服务网点的外部生态系统得到提升。

二、主要做法

山东杞农电子商务有限公司实施了"互联网+"优质特色农产品、"买卖提"精准营销服务平台建设项目，项目以大数据分析基础上的精准营销为引领，贯穿产前、产中、产后的全链条式农业服务模式。通过基于大数据的"线上线下"农业综合服务模式创新，形成了与传统农业生产营销方式完全不同的具有导向性和前瞻性的种植模式和营销模式，引领新泰市传统农业向信息化、标准化、品牌化的现代农业转变，促进本地特色农产品走向高端发展路线。

1. 促进农业转型，助推绿色发展 "互联网+"优质特色农产品"买卖提"全链条精准服务模式促进了农业智能升级，通过大数据技术平台，将智能化、信息化技术引入优质特色农产品的生产过程，实现了农业精准化管理。通过对土壤、肥料等指标的随时监测，配合不同的营养液智能化肥、浇水措施，低成本、高效益地解决了传统蔬菜生产中的土传病害问题，使肥料利用率达80％以上，灌溉水利用率达95％以上，农药用量降低60％～70％，产量提高30％以上，品质超过国家绿色食品质标准，每亩大棚至少增收5 000元以上，有力地促进了农业转型升级和提质增效。

2. 线上线下融合，产品双向流通 "买卖提"全链条精准服务模式上连山东农业大学大数据中心，下连农村社区服务网点，直至农民种植养殖基地，纵联一号店、淘宝、京东、顺风优选、中粮我买网等22家知名电子商务平台。围绕居民生活服务、电子商务和农村创业三大板块，致力于在农村普及和推广电子商务，让电子商务走进农村千家万户，为广大农民提供网络购物、网络售物、网络订票、网上缴费等一站式解决方案，让广大农民群众也享受到电子商务带来的便利。通过服务站统一采购，优质的产品能卖得物有所值，避免发生低价伤农。通过服务站组织培训，大量闲散人员开网店、微店做分销，增加了就业和收入。把金融、电信、旅游、农技、劳务等生活服务下沉到村里，提供各项本地化便利服务。2014年、2015年通过电商渠道分别销售樱桃、核桃、山楂、杏梅等新泰特色农产品250万千克和310万千克，实现了电商农产品销售新突破，通过线上线下有机结合，突破了农村网络基础设施、电子商务操作和物流配送等发展瓶颈，实现了"工业品下乡，农产品进城"双向流通。

3. 产、供、销一体化，全程跟踪与控制 杞农云商通过建设计算和存储处理兼顾的综合云计算平台，满足EC、ERP、CRM、SCM、OA、呼叫中心数据库等重要系统之间无缝共享，通过B2B、C2C两个模式，实现工农业产品与主流电商平台、仓储物流配送3个关键环节的无缝信息交互，达到产、供、销一体化管理，实现产品从地头到舌头的全程跟踪与追溯。通过大数据平台，农民可以精准地了解土壤、肥料等指标及种养殖情况，数据平台采集到农户的第一手信息，追溯到产品源头，充分利用精准营销平台，实现快速、经济、便捷式销售、无障碍运送，推动"菜园子"直通"菜篮子"。通过大数据平台，完善物流信息网络建设，完成全程物流过程跟踪、物流客户关系管理及方便报关、结算、利税等单据处理，提高物流工作的精准性，简化手续。依托新易泰的物流优势，通过"集货仓—集货仓"的方式或者代各大平台商发货的方式，建立海陆空立体物流配送网络，组建物流合作联盟，在全国 28 个物流节点城市设立现代化仓储配送中心，仓储总面积达 32 万米²，建立直通青岛、临沂、德州、上海、北京的货运班车及新泰货运公交，为客户提供了"门对门""点到点"的仓储配送服务。成立的买卖提货运公交公司，购置专用车辆 21 台，开通 15 条线路，连接末端物流节点，打通了服务群众的"最后一公里"瓶颈。杞农云商发挥农产品交易的桥梁作用，与本地"农民专业合作社"和"特色产业园"合作，依托新易泰物流在全国的冷链配送体系，有效规避农产品的损耗、时滞和零散卖家生鲜配送的问题，最终创新实现"合作社—杞农云商—各大电商平台—全国消费者"完整利益链共赢模式。最后通过将消费者信息反馈至大数据平台，为政府信息化监管提供数据，促进产品质量和市场竞争力的提高。

三、经验效果

"杞农云商优购平台"2014 年被省商务厅授予山东省首批电子商务示范企业，2015 年 4 月被评为世界微商大会"最具人气农特微商奖"。买卖提电商模式被写进 2015 年泰安市委 1 号文件，明确了"大力推广新泰市'买卖提'等新农村电子商务进村进社区模式"。全国各大媒体包括中央频道都报道过新泰买卖提电商进村模式。

1. 创新支撑现代农业发展体系 "买卖提"全链条精准服务模式，首创"货运公交"，货物配送像公交车一样每天定点定时定线路发车，每一个"买卖提"农村服务网点都是货运公交的物流节点，真正的解决了"农村最后一公里"的难题。首创"买卖提"金融，享受"买卖提"服务的农民，其家庭收支是其农业生产的担保融资基础。首创"大数据"采集链接系统，这一系统不但指导买和卖、种和养的各个链条环节，还支持加工、仓储和物流的各个环节。

2. 实现了农业生产方式的彻底转变 通过"互联网+"特色农产品精准营销平台，使农业由传统生产方式向现代化、无土化、有机化、智能化、无公害、绿色高端生产方式转变，使传统低质低效农业走向了高质高效农业，实现了农业的绿色发展，确保了食品安全。

3. 实现了农产品销售方式的彻底转变 使农民以往主要有单一的就地市场销售，销量有限、受季节影响大、价格低、效益差，限制了农业发展，向订单化、信息化、不受季节影响、快捷、方便、效益高的现代互联网大物流转变，促进了农业向集约化、现代化大发展。

4. 确保了农业持续健康发展 现代化的生产方式和销售渠道，增强了农民的经济意识和市场意识，在"互联网+"的指引下，由原先的自己毫无目的生产什么卖什么，到按订单和客户需求精准生产，解决了生产的农产品卖不出去、价格低、丰产不丰收、回报率低甚至赔本的问题，增强了农民从事农业生产的积极性，确保了农业持续稳定健康发展。

5. 具有广阔的市场发展前景 "互联网+"特色农产品"买卖提"全链条精准服务模式，经济效益巨大，"买卖提"市场容量在 500 亿～1 000 亿元。企业将在 3 年内建设"买卖提"农村电子商务服务站 3 000 个，路径为新泰、泰安、外省，向四周扩散。社会效益显著，对于提高农民生产水平、生活质量，实现与城市市民同等生活质量有重要作用。模式复制推广性强，企业根据各地的人口密度、路网便利度、消费生活习惯等 10 项指标，通过对全国省市的调研分析计算，证明最适宜设点布局的区域为：淮河以北、长城以南的山东、山西、河南、河北、陕西，确定此区域为公司第一阶段目标市场。中性适宜的区域为湖南北部、湖北中部、贵州中部、内蒙古南部、辽宁、大连等地，以此为基础，最终使"买卖提"农村电子商务服务站遍及全国，乃至走向世界。

案例 20：众志电子"互联网+"行动

一、基本情况

山东成城物联网科技股份有限公司位于泰安市泰安高新区泰山科技创业城，成立于 2011 年，注册资金 2 000 万元，是以云计算和物联网技术应用为基础，专注于物联网产品研发、生产、实施、服务和运营的高新技术企业。公司将物联网产品的创新研发、应用和拥有自主知识产权作为重要战略，与多个高校和科研单位建立了"产、学、研、用"的合作关系，形成了由业内权威专家组成的研发队伍和专家顾问团队。

"精牧"牧场管理系统产品是由国家"863"项目子课题"奶牛数字化精准养殖系统"转化而来，致力于推动中国奶牛养殖的规范化、现代化、持续化。此外，公司创建的"现代奶业大数据服务平台"，覆盖整个地区各个牧场的数据，为奶牛行业大数据的建立、分析、建模提供依据。

"精益求精、矢志于牧"是公司"精牧"品牌的追求，推动"中国奶业的规范化、现代化、持续化、国际化"是公司使命，以强烈的民族责任感和技术创新服务于中国奶业发展，以优质产品提升我国奶业发展水平，努力打造国内拥有自主知识产权的行业首选品牌！

二、主要做法

1. 实施背景 近年来，奶牛由散养、小区饲养的模式转向规模化、标准化、科学化的现代奶牛养殖模式，科学养牛、环保养牛、健康养牛的新养殖观念在迅速普及，提高牛只的舒适度，保持奶牛健康等观点越来越被行业内的人士所认可和重视。奶牛场的管理由经验管理、被动管理向数据管理、主动管理，由传统管理向科学管理转变成为必然趋势。通过实际需求分析发现一些问题：一是当前国内奶牛场大多仍使用纸质记录档案，存在数据记录不全或数据丢失的问题，严重影响后续繁育工作开展及群体改良；二是多数牛场（尤其是中小型牛场）由于缺少足够的技术支撑，导致饲养管理混乱，特别是繁殖和生产方面，表现为发情检出率、受胎率低较，生鲜乳质量、单产水平普遍不高，因此奶牛管理过程中急需一套完整的适合本场的工作指导提示；三是部分国外奶牛管理软件相对国内牧场盈利情况来说价格较高，另外由于国内外距离差异及语言沟通障碍，出现问题时国外专业售后服务不能及时到位，因此在国内推广应用存在困难，需要一款能够适用于一般奶牛场的软件，方便使用的同时减少经营成本。

为解决这些问题，公司自主研发了"精牧"牧场管理软件和配套数据采集设备（包括计步器、电子计量奶厅设备、TMR 监控设备、在线奶成分分析设备、DHI 数据采集设备等）。

2. 建设内容 "精牧"牧场管理系统通过对奶牛运动量和产奶数据的监测并进行智

能化分析，判断奶牛发情、健康和产奶状况，并以短信形式实时提示兽医开展奶牛配种和保健工作，可实现非常准确的发情（发情期）监测和奶牛健康监控，精准把握奶牛的最佳输精时间及治疗时间。

"精牧"整套产品具备五大功能：

①牛只档案管理（系统以牛只档案数据信息为基础，建立了牛只资料卡，加强了奶牛基本信息的查询功能）。

②奶牛繁殖管理（对繁育过程中的发情、配种、初检、复检、分娩等给出预测与提示）。

③奶牛生产管理（量化分析泌乳过程，实时监控奶厅运行情况）。

④奶牛疫病管理（用药治疗预警、发病率、治愈率、病症处方档案）。

⑤牧场出入库管理及成本核算（针对奶牛场饲料和兽药进行出入库管理，实时监控牛场物资动态、从而实现物资盘点和各项投资成本的计算，使奶牛场的日常运作更加透明化）。

3. 解决问题及方式　产品先后服务于山东（范镇鑫源、莱芜杰瑞、新泰银燕、肥城牧和、潍坊欣盛、德州祥林）、北京（总装）、河南（中荷、澳美）、河北（河北富农）等100 余家牧场，受到牧场的高度好评。通过服务与产品配合，发情与隐性乳房炎检出率大于 90%，产奶量计量误差≤3%，客户牧场的体细胞下降明显，产奶量平均提高 10% 以上。具体案例及解决方式如下：

新泰银燕奶牛场，建于 2003 年，现存栏量 620 头，建场开始一直依靠传统的人工观察法来判断奶牛发情，很难准确观察奶牛发情，且经常会有漏掉或者出错的情况，难以把握准确的配种时间，导致配种成功率低，冻精浪费严重，受胎率较低。采用"精牧"牧场管理系统后，发情检出率从原来的 65% 提高到 95% 以上，平均空怀天数由原来的 174 天降低至 132 天。

肥城牧和奶牛场建于 2010 年，现存栏量 440 头，由于场内没有专业奶牛技术人员做指导，导致饲料营养不均衡、繁殖周期长、饲养管理混乱、挤奶操作不规范等问题，具体表现在繁殖率很低，生鲜乳体细胞更是高达 40 万，平均单产仅有 13 千克/(头·天)。成立专门服务团队，从牛群个体情况、饲料营养、饲养管理程序、繁殖、奶厅设备操作等方面进行问题调研，制定牧场问题改善方案书，协助牧场制订规范化制度，进行专业性培训，引进公司整套发情监测设备、挤奶厅电子计量设备和管理软件后，奶牛体细胞已下降并稳定在 15 万~17 万，单产提高到 21.5 千克/(头·天)。

三、经验效果

1. 应用创新　"精牧"牧场管理软件，应用工作流和数据模型的产品结构，通过浏览器、应用服务和数据库服务三者之间的相互关联，利用开放集成技术串联各个功能模块，形成一款以集成、开放、完整、先进、实用为特点的插件式、参数化应用集成平台。

2. 服务模式创新　该系统提供了崭新的管理模式，事前、事中、事后全方位管理。事前按目标管理，制订企业经营目标，层层分析，按目标完成情况来控制企业运作，按目标管理能随时动态提供目标指数和趋势分析图，做好"事前控制"；事中按例外管理，监督企业运作，及时发现异常，灵活解决问题，按"例外管理"，能按事先设置的警告阀值报告异常，追溯根源，通过工作流及时处理，做好"事中控制"；事后按事实管理，收集各类数据，准确汇总统计，提供管理报表，"按事实管理"能让原先繁琐的统计报表变得简单而又多彩，做好"事后控制"。

3. 实施效果 "精牧"牧场管理系统可实现无比准确的发情（发情期）监测、泌乳分析、设备监控、奶牛健康预警，准确把握奶牛的最佳输精时间及治疗时间。它操作简单，友好的使用界面不要求用户具有计算机知识。具有诸多优势：

①可应用于任何有发情配种要求的牧场。

②既可监测发情，又可监测健康与发病情况。

③及时提醒，参数可调节设置，使用方便，可重复使用。

④可显著提高发情牛检出率和情期受胎率，节省成本，增加经济效益。

"精牧"牧场管理系统真正实现了指导生产、控制成本、预测预警、统计分析、移动办公的功能，为奶牛养殖场提供多种技术支持，保证奶牛场的规范化运作，进一步提高牛奶的产量和质量，使奶牛养殖取得良好的经济效益和社会效益，从而真正实现奶牛的精细化、标准化养殖体系，全面提高奶牛养殖的信息化水平。

4. 经济效益和社会效益 该项技术的应用推广直接解决当前困扰奶牛养殖场和养殖户的核心问题，通过智能化的生产管理系统，集成养殖场信息实时采集与处理，实现奶牛健康养殖过程中的智能决策控制，对关键生产环节进行安全预警和行为纠偏，为生产效率及产品品质的提升提供信息化技术支撑，促进养殖户增收和奶牛业的整体发展。

案例21：壹号桌"互联网+"现代农业

一、基本情况

山东壹号桌食品有限公司2013年建厂，主要进行豆制品深加工，是互联网和现代农业相结合的成功典范。企业利用互联网紧紧抓住农村电商推动县域经济转型升级的新机遇，积极发展农村电子商务和移动端电子商务平台。特别是2015年以来，壹号桌食品积极响应"互联网+"思维，加快公司电子商务公共平台建设，完善电子商务服务支撑体系，改造提升农村现代流通网络，打通农村电子商务"最后一公里"，有效解决了"工业品下乡、农产品进城"这一难题。实现了电子商务与传统产业的共同繁荣，打造出极具东明特色、产业优势突出、带动效应明显、业态互补性强的互联网电子商务产业生态体系；有效推动了特色农村电商规模发展，增加了全县农村商品流通效率，有效促进了当地农村经济的快速发展。成了一处云计算服务中心，把生产车间、生产基地、农户通过互联网紧密相连，把互相网信息及时发布传播，采用以销定产、以产找需，统一技术支持、统一肥料供应、统一回收加工、统一互联网电商销售新模式，基本实现农业产品标准化，并把优秀技术项目创新项目筛选出来，积极参加省创新创业大赛，申报省级电子商务示范企业。初步建成了以壹号桌为品牌的县级品牌区域农村电子商务平台；新建和改造了圆通和申通2个区域仓储配送服务中心，带动全县行政村电子商务参与率达到60%以上，新增电子商务就业200人以上，社会青年和大学生创办电商企业或网店10个以上，培育有一定市场占有率的农产品网络销售品牌在5个以上。

二、主要作法

1. 扩大农产品网络营销领域 东明县农特产品资源丰富，主要为西瓜、富硒农产品、地方特色美食等产业，西瓜年产规模均在 2 亿千克以上，东明县农产品具有种类繁多、特色鲜明、规模庞大等特点，利用"互联网+"发展电子商务优势明显，通过壹号桌电子商务平台和移动端云商自营店的互联网运行，把各个层级的优质产品加入到农产品的网络销售中去，克服了距离、时空的限制，走出了一条互联网电商销售之路。

（1）打造东明县农产品垂直电子商务平台。利用山东壹号桌食品有限公司成熟的电子商务平台，通过互联网把全县市级以上农业产业化龙头企业、优质中小企业的优质产品联合起来，打造东明县互联网销售强势品牌；同时联合"一村一品"的专业合作组织，抱团发展，形成独具县域魅力、彰显东明县特色的标准化、专业化、生态化农产品电商平台。

（2）扩大电子商务参与主体。采取多种方式，让更多的社会群体参与进来。例如，在比利时野兔生态养殖过程中，鼓励并垫资支持农业专业合作社、农村集体经济组织、社会青年、大学生（村官）等利用互联网开展远程视频技术培训和技术问题解答，减少人力物力，充分发挥现代网络的替代作用，做到养殖互联网化，把来自北京中科院、中国农业大学的最新养殖技术无缝对接到村里养殖户手里，保证了产品的最佳质量。

（3）提高移动互联端旅游电商占有率。发挥壹号桌现有电子商务互联网平台优势，深度开发现有的云商小店，并结合当地的农特产品销售网点、地方特色美食等，加大微信公众号、手机 APP 等移动互联端的应用推广，通过微商城、二维码扫描、企业公众号等多种方式，把地方优质农产品富硒鸡蛋、富硒面粉、富硒挂面，地方特色美食李家香肠、靳家粉肚、藏家杂刷等优质农产品通过互联网加盟到壹号桌云商自营店里来，把东明的优质特产销售到全国各地去，增加经济效益。

2. 发挥壹号桌农村电子商务服务功能

（1）发挥壹号桌农村电子商务公共服务作用。通过把壹号桌电子商务平台转化成农村电子商务公共服务平台，在政府的引导帮助下，建立了统一的政策资讯平台、电商培训平台、品牌展示平台、公共物流信息平台、乡村旅游平台、招商创业平台、统计分析管理平台；同时，农产品垂直电子商务交易平台与区域 O2O 平台作为商务模块的企业主体部分，由壹号桌食品公司进行市场化运营，公益性建设，突出品牌电商的互联网服务带动作用。

（2）打造区域 O2O 电子商务平台。在"互联网+"电商的大背景与大趋势下，电商化已成为传统的商贸流通企业、物流企业等转型升级的重要途径之一，通过壹号桌电子商务平台，结合农村商品流通服务体系试点的网点门店、仓储物流、乡镇商贸中心等资源，开展网订店取、网订店送业务，线上交易线下结算，线上消费线下体验，统一会员管理、统一配送管理、统一销售管理、统一业务流程、统一营销推广，最终提升品牌的市场价值。促进山东壹号桌食品有限公司作为代表的龙头电商企业进一步深化企业 O2O 电子商务运营，依托其所提供的物流、仓储、展示、培训、孵化及配套服务资源，做大做强电子商务进农村的互联网发展。

（3）建设农产品电子商务交易保障体系。

①推进农产品标准化和品牌化。发挥生态优势，结合县里开展的精准扶贫工作，通过

发展现代农业、建设美好乡村、拓展"一村一品"。围绕富硒小麦、富硒鸡蛋、特色养殖和果蔬等产业，着力促进东明县主要农产品实现规模化、基地化、区域化生产的同时，不断把农产品转化为农产商品，把非标准化农产品转化为标准化农产品，把标准化产品转化为品牌产品，进入壹号桌品牌电商平台，满足网络消费需求。

②建立农产品质量安全监管与诚信体系。利用互联网远程视频监视系统、对接县党员远程教育系统、天眼系统，加强市场监管；利用物联网技术加强农产品源头监管，保障参与电子商务交易的农产品质量安全；通过互联网远程摄像头，加强对农产品生产、加工和流通等环节的质量管控，完善农产品检验检测和安全监控等基础设施建设；推广组织机构代码与商品条码在农村电子商务的应用，逐步建立农产品电子商务追踪溯源体系；打击制售假冒伪劣商品等违法行为，加强企业入驻云商城的审核把关，保护消费者合法权益；建设电子商务诚信信息监管平台，保障壹号桌农村电子商务有序健康发展。

（4）开展壹号桌义务培训。有计划帮助企业、农民、大学生参与电子商务运营、操作等培训，两年来全县共培训5 000人次以上，壹号桌食品有限公司通过选派公司电商业务骨干到浙江理工大学、淘宝大学、阿里商学院等进行培训学习，培训培养一批电子商务讲师级人才，发挥培训指导作用；通过对具有电子商务创业基础，有一定电脑操作基本技能的人员，在壹号桌培训中心进行技能提高培训，使其成为全县电商队伍领军或创业人才；通过对城乡青年、农民、贫困家庭、退伍军人、待业大学生、大学生村官、乡镇干部、县直单位在职干部职工等开展电子商务操作技能和创业技能培训，培养出一支能够熟练掌握运用网络技术促销农产品的电子商务创业人才队伍。为农村各类贫困群体等开展电商培训讲座，组织该类群体积极参加电子商务行业培训交流大会，传递电子商务最新趋势，深刻触发该类群体触网热情，两年来共培训该类群体2 000人次。

三、经验效果

1. 建设要发展，投入是关键 在整个电子商务平台建设中，企业高标准规划，大手笔投入，在平台建设、人员招聘、产品更新上持续加大人力物力投入，跑广州上最好包装、去浙江学习最高水平运营、到北京请中科院专家做技术顾问，高标准完善区域性农村电子商务平台建设和运营，在硬件上满足了现代电子商务平台建设各项需要，产品得到了北京大润发、深圳沃尔玛、河北北海超市等全国知名商超的高度评价，产品供不应求，订单不断，回报率稳步提升。

2. 平台要创新，产业升级很重要 公司不满足于做菏泽最大电商，而是向淘宝网、京东商城等全国最佳电商平台看齐，在服务模式和服务质量上下功夫，以电话回访老客户、建立客户服务群等新模式为载体，加大对客户的服务力度。以顾客为上帝，从产品原料抓起，用最好的原料、最好的非转基因大豆油，保证了企业做百年企业的基础。同时充分利用壹号桌知名电商平台的影响力，搭建两个线上线下"特色馆"。如线下"淘宝特色菏泽·东明县馆"、线上"壹号桌天猫旗舰店京东东明壹号桌馆"等，有效提高了公司品牌形象和产品档次。

3. 从源头做起，推动行业创新 利用互联网把线上服务平台、客服系统、物流仓储系统、质量保证系统进行整合，通过网络全方位运转状态，各体系进入后期维护、系统升级阶段；从农户田间地头抓起，利用各种互联网监测检测系统，努力构建"来源可追溯、去向可查询、风险可控制、责任可追究"的电子商务商品交易追溯体系；力争壹号桌农产品电子商务交易额、年增长率达到30％以上，物流配送成本有效降低，保障体系更加健全，配套服务更加完善，电子商务发展水平跻身山东省前列。

参 考 文 献

《〈中国制造 2025〉重点领域技术路线图（2015 版）》发布农业装备重点发展 8 类产品 4 类关键共性技术
　　［J］. 福建农机，2015（4）：2-5.

曹泓，2014. 基于多源光谱数据融合的水产养殖水质有机物浓度快速检测研究［D］. 杭州：浙江大学.

陈光，2009. B/S 模式耕地地力监测数据管理系统的设计与开发［D］. 武汉：华中农业大学.

杜永红，2017. "互联网+"农村社会治理创新发展对策［J］. 江苏农业科学，45（8）：338-341.

高玉凤，焦峰，叶喜文，2006. 农田土壤监测上的 GIS 技术应用［J］. 黑龙江八一农垦大学学报，18
　　（3）：41-45.

何彬方，杨太明，王海军，等，2009. 省级农业气象数据库及管理系统的设计与实现［J］. 中国农学通
　　报，25（24）：520-524.

胡春奎，1995. 一种微机控制农业气象数据监测系统［J］. 华中农业大学学报（5）：511-516.

虎俭银，杜玉斌，2015. "互联网+"模式下的彭阳农村供水管理实践［J］. 中国水利（20）：50-51.

黄建清，王卫星，姜晟，等，2013. 基于无线传感器网络的水产养殖水质监测系统开发与试验［J］. 农
　　业工程学报，29（4）：183-190.

姜荣昌，2013. 畜舍养殖环境监测系统的设计与实现［D］. 哈尔滨：东北农业大学.

雷云，2015. 基于射频识别（RFID）和二维码的稻米质量安全追溯系统研究［D］. 南京：南京农业大学.

李道亮，2008. 以他山之石攻中国特色农村信息化之路——欧洲现代农业对我国农村信息化的启示［J］.
　　互联网天地（4）：62-63.

李道亮，2016. 中国农村信息化发展报告（2014—2015）［M］. 北京：电子工业出版社.

李道亮，2017. 中国农村信息化发展报告（2017）［M］. 北京：电子工业出版社.

李道亮，2016. 互联网+农业：助推农业走进 4.0 时代［J］. 北京：农业信息化，1：25-28.

李道亮，2012. 中国农村信息化发展报告（2011）［M］. 北京：电子工业出版社.

李道亮，2014. 中国农村信息化发展报告（2012）［M］. 北京：电子工业出版社.

李江波，饶秀勤，应义斌，2011. 农产品外部品质无损检测中高光谱成像技术的应用研究进展［J］. 光
　　谱学与光谱分析，31（8）：2021-2026.

李理，2011. 京郊农村管理信息化发展研究［D］. 北京：中国农业科学院.

李宁，潘晓，徐英淇，2015. 互联网+农业［M］. 北京：机械工业出版社.

刘金松，王勐璇，练紫嫣，2017. 水产巨头遇上"互联网+"，马化腾提的通威股份如何实施？http：//
　　www. sohu. com/a/138450632 _ 455313.

刘世洪，许世卫，2008. 中国农村信息化测评方法研究［J］. 中国农业科学，41（4）：1012-1022.

刘双印，2014. 基于计算智能的水产养殖水质预测预警方法研究［D］. 北京：中国农业大学.

刘雪梅，2014. 基于可见近红外光谱检测土壤养分及仪器开发［D］. 上海：东华大学.

路辉，刘伟，2015. "互联网+"在现代农业中的应用现状及发展对策［J］. 现代农业科技（15）：
　　333-334.

罗阳，何建国，贺晓光，等，2013. 农产品无损检测中高光谱成像技术的应用研究［J］. 农机化研究
　　（6）：1-7.

马建成，黄诗峰，胡健伟，等，2013. 基于 MODIS 数据的山东省土壤墒情遥感动态监测与分析 [J]. 水文，33（3）：29-33，42.

毛罕平，2005. 农业装备智能化技术的发展动态和重点领域 [J]. 农机科技推广（6）：12-14.

毛璐，赵春江，王开义，等，2011. 机器视觉在农产品物流分级检测中的应用 [J]. 农机化研究，33（7）：7-13.

毛鹏军，杜东亮，符丽君，等，2006. 我国农产品分级的现状、问题及对策 [J]. 农业机械（5）：110-111.

彭发，2014. 水产养殖水质五参数监测仪的研制 [D]. 泰安：山东农业大学.

彭育松，黄福华，周敏，2017. 互联网+助推农产品流通方式创新的路径研究 [J]. 物流工程与管理，39（1）：54，97-99.

秦向阳，赵春江，杨宝祝，2006. 信息技术支撑新农村建设的主要研究和应用领域 [J]. 农业网络信息（12）：7-8.

阮怀军，封文杰，陈英义，2015. 农村农业信息化综合服务平台建设 [M]. 北京：中国农业出版社.

阮怀军，王风云，李振波，2014. 农村农业信息化系统建设关键技术研究与示范 [M]. 北京：中国农业科学技术出版社.

阮怀军，赵佳，祝伟，2016. 农村农业信息需求与服务模式探讨 [M]. 北京：中国农业出版社.

沈振华，2015. 禽蛋食品的全产业链追溯系统的设计与实现 [D]. 北京：北京邮电大学.

苏志诚，张立桢，丁留谦，等，2014. 四种新型土壤墒情传感器的对比分析 [J]. 水文，34（4）：55-60.

孙通，徐惠荣，应义斌，2009. 近红外光谱分析技术在农产品/食品品质在线无损检测中的应用研究进展 [J]. 光谱学与光谱分析，29（1）：122-126.

谭建军，倪婷，2015. 东莞莞农村产权管理进入"互联网+"时代 [J]. 农村经营管理（12）：41.

唐珂，2015. "互联网+"现代农业的中国实践 [M]. 北京：中国农业大学出版社.

王福娟，2011. 机器视觉技术在农产品分级分选中的应用 [J]. 农机化研究，33（5）：249-252.

王静娜，贺园园，陈雄飞，等，2011. 机器视觉在农产品品质检测和采收包装中的应用 [J]. 农机化研究，33（7）：186-189.

王雷雨，孙瑞志，曹振丽，2012. 畜禽健康养殖中环境监测及预警系统研究 [J]. 农机化研究，34（10）：199-203.

王念培，2015. 农业电子政务网站采纳及实证研究 [D]. 南京：南京农业大学.

王冉，徐本崇，魏瑞成，等，2010. 基于无线传感网络的畜禽舍环境监控系统的设计与实现 [J]. 江苏农业学报，26（3）：562-566.

王铁，黎贞发，张海华，2010. 设施农业气象监测系统的设计与开发 [J]. 安徽农业科学，38（29）：16338-16340，16400.

王文生，2012. 中央 1 号文件的农业农村信息化政策研读 [J]. 中国农村科技（7）：24-28.

王瑜，2010. "金农工程"推动农业政务信息化 [N/OL]. 农民日报，10-27.

王峥，2013. 农产品物流服务平台设计与实现 [D]. 北京：北京工业大学.

温婧，谭利伟，林广毅，等，2016. 信息进村入户工程建设发展回顾与展望 [J]. 农业工程技术（33）：17-19.

吴海华，方宪法，杨炳南，2013. 国内外农业装备技术发展趋势及进展 [J]. 农业工程，3（6）：20-23.

武永峰，宫志宏，刘布春，等，2010. 基于远程监控的农业气象自动采集系统设计 [J]. 农业机械学报，41（10）：174-179.

席兴军，刘俊华，刘文，2005. 国内外农产品质量分级标准对比分析研究 [J]. 农业质量标准（6）：19-24.

徐高威，程勇，姜杰，2014. 设施农业实时气象信息采集与发布系统的设计［J］. 电子设计工程（22）：9-12.

许世卫，王东杰，李哲敏，2015. 大数据推动农业现代化应用研究［J］. 中国农业科学，48（17）：3429-3438.

杨信廷，钱建平，孙传恒，等，2014. 农产品及食品质量安全追溯系统关键技术研究进展［J］. 农业机械学报，45（11）：212-222.

张孟骅，刘芳，何忠伟，2016. 北京"互联网+休闲农业"新模式探讨［J］. 农业展望，12（1）：49-52.

张石锐，2014. 畜禽生产环境中主要有害气体监测方法研究［D］. 上海：上海交通大学.

赵春江，2007. 农村信息化技术［M］. 北京：中国农业科学技术出版社.

赵春江，2014. 推进信息化与农业融合抢占现代农业制高点［J］. 计算机世界（15）：270.

赵娟，彭彦昆，郭辉，等，2014. 农产品品质检测系统的高光谱成像控制软件设计［J］. 农业机械学报，45（9）：210-215.

赵荣，陈绍志，乔娟，2012. 美国、欧盟、日本食品质量安全追溯监管体系及对中国的启示［J］. 世界农业，（3）：1-4，25，82.

郑广翠，王鲁燕，李道亮，2005. 关于我国基层农业信息服务模式的几点思考［J］. 农业信息图书情报学刊，17（12）：194-197.

郑火国，胡海燕，2005. 论农业信息服务的模式及其在三农中的作用［J］. 农业图书情报学刊，17（2）：137-139，188.

祝诗平，王一鸣，张小超，2003. 农产品近红外光谱品质检测软件系统的设计与实现［J］. 农业工程学报，19（4）：175-179.

图书在版编目（CIP）数据

"互联网+"现代农业应用研究/阮怀军，封文杰，
郑纪业著．—北京：中国农业出版社，2017.8
ISBN 978-7-109-23537-3

Ⅰ.①互…　Ⅱ.①阮…②封…③郑…　Ⅲ.①现代农
业—农业发展—研究—中国　Ⅳ.①F323

中国版本图书馆 CIP 数据核字（2017）第 280141 号

中国农业出版社出版
（北京市朝阳区麦子店街 18 号楼）
（邮政编码 100125）
责任编辑　李　蕊　阎莎莎
────────────
北京万友印刷有限公司印刷　新华书店北京发行所发行
2017 年 8 月第 1 版　2017 年 8 月北京第 1 次印刷
────────────
开本：787mm×1092mm 1/16　印张：9.75
字数：210 千字
定价：48.00 元
（凡本版图书出现印刷、装订错误，请向出版社发行部调换）